女力逆天

寫給女性朋友職場修練的 **11** 道成功良方

肖　衛◎編著

女人生來就有獨特的生存優勢，這些並不僅僅是人們傳統眼光中的漂亮、姿色、風情等，而是來自於女性強大的內在潛能和人格魅力。

本書能指引女性更好地認識自己、瞭解自己、發掘自己、完善自己。女性朋友可以一邊啟迪心靈、提升智慧，一邊瞭解自身已經具備的優勢資本和潛在的優勢資本，並大力去開拓和利用。

出版宣言

你是一個女人
不管自己怎麼看，你都是
你可以把自己看扁
說自己不如男人
你也可以換一種眼光
讓自己超越男人
女人來到這個世界上
從來就不是弱者的代名詞
而是向善的力量 引導人類上升

天生美麗或氣質如流
相貌平凡或素面朝天
是女人
都有其獨特的資本
沒有漂亮容顏
你可以修煉優雅魅力
沒有曼妙身姿
你可以學會修飾自己
女人真正的資本
不是來自外表的華麗
只有內心建立一個強大的自我
你才能贏得尊敬的目光

美麗與智慧的結合
才能成就完美的女人
每天沉湎於化妝與減肥
並不能改變你的命運
從經營自己的強項開始
發掘上帝賦予你的資本
做一個果敢睿智的女人
去創造積極而全新的生活
用勇氣、信念和願望
鋪墊你生命的軌道
讓那個才華橫溢、精力充沛、
魅力四射的自我

完全呈現於世界
這才是真正的你
一個女人本該有的的風采
在生命的旅程中
有我為你加油
在你流淚的時候
讓你變得堅強
在你開心的時候
讓你快樂加倍
和你一起度過
女人生命中溫暖而美好的日子

用女人資本，做職場贏家

　　一個女人要成功，要做資本女人，首先就要知道什麼是女人的資本。

　　自從人類起源，就給予了男人和女人完全不同的形態和風貌，也就決定了男人和女人們必須互相補充、互相配合、互相依存，男人不能少了女人，女人也不能少了男人。因此一個女人要成功，註定不是男性化的成功，而是女性化的成功。但是女人在運用女人長處的同時，必須向男人學習，她不但要學習男性的自信、果敢和創新，更要發揮女人應有的天性——直覺敏銳、樂觀開朗、堅韌、細心、溫柔、敏感等。

　　事實上，女人除了這些天然的、看得見的資本外，在女人身上還有著強大的資本。

　　首先就是成功。在全球有越來越多的女性走出家庭，投入到工作的隊伍。她們和男人一樣用知識、用雙手妝點著多彩的世界。在這個日新月異的時代，女人和男人一樣擁有成功的機遇。

實踐證明，女人在心理上的某些優勢，可能更適合社會的發展，女人也比男人更容易在這個社會獲得成功。不過，很多女人都對這一點持懷疑的態度，只有極少數的女性堅信並發揚了自己這一資本，所以她們取得了成功。但是作為一個渴望成功的女性，我們怎麼能允許自己對自己本身的能力和性別產生懷疑呢？

第二是財富。馬克思留給我們一個毋庸置疑的真理，那就是經濟基礎決定上層建築。試問我們每個人的吃穿住行，有誰能離開錢呢？說「視金錢如糞土」的話，大概也是一些沒有金錢的人故作清高的說法罷了。其實我們沒有必要掩飾自己對金錢的喜愛和追求。對富裕生活的嚮往是人性的自然反映。因此正視自己對財富的需求，確立一個金錢目標，有助於你積聚財富，獲得更大的成功。對女人來說，不僅僅要懂得花錢，更重要的是要學會賺錢和理財，這將成為你獲得幸福的重要資本。

第三是關係。人生活在這個世界上，絕對不是孤立的，而是生活在由不同人組成的群體中。在這群體中，人們互相影響互相幫助而共同取得進步。因此我們不要把身邊的人視為與己無關的人，他們都是我們的朋友。作為女人，我們更不應該去排斥男人，挑戰他們的尊嚴，因為成功和財富不是與他們硬拼的結果。女人不但要發現男人的弱勢，更要學習他們的優點，這樣才能更好地發揮女人的優勢。善於處理各種關係，學會編織自己的關係網，這對女人來說是很好的資本，也會成為女人成功的強大助力。

第四是職場生存能力。現在越來越多的女人成為職業女性一族。女人要在公司裏取得和男人一樣的成就，除了要和男人掌握

一樣的技能之外，還要加強自己的女性優勢。女人有哪些優勢呢？細緻、關懷別人、性情溫和、容易溝通，這些已經成為越來越多的現代企業對員工的要求。因此在職場上生存，可以說女人比男人擁有更多的資本。

第五是魅力。有魅力的女人比聰明的女人漂亮，比漂亮的女人聰明。擁有魅力會使你更受青睞。有魅力的女人，她們的言談舉止、舉手投足都會充滿凝聚力，任何場合、任何時間都會成為人們關注的焦點。練就魅力非一日之功，但只要掌握方法，魅力也是可以塑造的。

第六是氣質。氣質可以說是一種精神層面的東西，它不是學出來的，也不是包裝出來的，而是由人的內在自然散發出來的。好的氣質總是尾隨形象、知識而至，因此做有氣質的女人，先給自己充電吧！就像女人欣賞有風度的男人一樣，男人，也對有氣質的女人情有獨鍾。

第七是修養。談及修養，它包括很多方面，比如語言、禮節、品味、內涵等等。有修養的女人會顯得更大方，更有風采，也會更受人尊重。提高自己的修養要從每一處細節做起，多看有益的書獲取更豐富的知識是一條有效途徑。

第八是能力。人和人之間存在著一定差距，比如能力強和能力弱。而能力強的人總會獲得更多人的肯定，他們收穫著成功和讚美，也享受著更好的物質生活。因此每個人立足於社會，都要不斷地提高自己的能力，這樣才會使自己能夠在競爭中勝出。能

力不是天生的，而是隨著經歷閱歷的增長而逐漸培養起來的。作為女人，你一樣可以大膽地嘗試你未曾做過的事情，不要害怕，你所有的經歷自動會成為你的資本。在一次次獲取經驗的過程中，你的能力也在一步步提高。

第九是智慧。這個社會已經進入了智者生存的時代，「女子無才便是德」的說法早已被推翻，所以女人要用知識和智慧來武裝自己，這樣才不至於被時代所淘汰。你所擁有的智慧，決定你人生的成功程度和幸福程度。千萬不要相信人們說的女人沒有男人聰明的說法，其實智慧不僅僅是智商，而是一種對待生活的態度，凡事用從容不迫的心態去面對，就是一種大智慧。

第十是領導力。要想成為成功的女人，一定要能夠運籌帷幄，統領大局，具有非凡的領導能力。具備領導能力的女人，才會在事業上嶄露頭角，樹立威信。可以說有領袖氣質是成功女人的標誌。不過好在領導不是男人的專利，女人身上也有諸多的元素可以讓女人也能成為傑出的領導者，現在無數在政界、商界取得巨大成就的女性，已經充分說明了這一點。

還有第十一、十二等等，可以作為女人資本的東西有很多很多。你只要懂得發掘和運用這十大資本，不敢說你能成為一位偉大的女性，但是一定可以讓你變得更加有魅力、有品味、有氣質，讓你的人生更加幸福和成功！一個女人要擁有財富、幸福、事業等等，看上去並不容易，但是只要你懂得經營你自己，懂得利用你身上的優勢，你完全可以成為現實中成功和幸福的職場女贏家。

目錄

Contents

Chapter 1
關係網的力量：女人的社交能力

Chapter 2
發出你的聲音：女人的溝通能力

Chapter 3
你來挑戰男人：女人的成功優勢

Chapter 4
表現得像女人：女人的智慧

Chapter 9
最佳的管理者：女人的管理優勢

Chapter 10
進行自我包裝：女人的品牌策略

Chapter 11
與身體同行：女人的健康

Chapter **1**

關係網的力量：
女人的社交能力

　　人際交往中不只是蘊涵著大量的成功機會，更重要的是其擴充和豐盈著我們的人生。就女人來說，假如你要在事業上獲得更進一步的發展和提升，你一定要學會編織並維護好你的人際關係網路。

善於處理關係是女人的天生優勢

你是否看到過這樣的現象：不少即使是很能幹的男性也感到棘手的事，派一位女性前去辦理，便能收到出奇滿意的效果。而聰明的女性總能應對自如，輕易就打開了良好局面。

專家指出，由於生理和心理方面的原因，女性自身形成了共有的特點。例如環境適應性強，善於與陌生人接觸溝通；語言表達能力好，說話聲音流利清晰，樂於跟人交談；感受細膩深入，性情溫柔親切，為人謙和善良，更能使人容易接受並喜歡。如果發揮得恰當，這些顯著的個性因素，都是女性在人際交往中的先天優勢。

在女性參與社會活動範圍急劇擴大的今天，交際中怎樣發揮自身的巨大優勢，已成為眾多女性所急切探討的熱點問題。謙和、溫柔、細膩，幾乎是每一個女性的天性，無論和什麼人往來，都會普遍受到歡迎。在與男性打交道時，這些性格會讓他們感到輕鬆、愉快，無形中消除許多與同性交往時產生的戒備和爭鬥慾望，營造了和諧輕鬆的理想氣氛；而在同性之間，你能謙虛善意地待人，凡事肯讓人三分，滿足她的自尊，自然會使人感到可親可近。事實上，絕大多數待人謙和的女性都非常自尊、自重。在各種人際交往中，充分展現女性特有的優勢，一般總會獲得明顯的良好效果。誠然，這只是指通常情況而言，具體到單一個人，因為性格、工作和生活環境迥然不同，人與人交往的方式風格也有極大的差別。而彼此各異的交際風度，必然會引發差異甚大的心理效應。如活潑熱情讓人更願意接近；文靜慎重給人以深刻、沉穩的感覺；謙遜隨和、善解人意多被譽為「大姐之風」；瀟灑大度則具有很強的個人魅力。

那麼女人怎樣在處理人際關係中發揮自身獨特的魅力，以贏

得對方的傾心喜歡和接納呢？

（1）適當地修飾打扮

女性的打扮藝術，並不僅僅是簡單地塗脂抹粉，也不等同於揮灑高級品牌香水，而是對自我形象的整體塑造和協調統一，是一種由內而外的自信和雅致，是自己人格的充分外化。得體貼切、精緻淑雅的打扮，是對自己的確信與牢牢把握，也是對社交場合的駕馭自如。

女性線條有致的形體美，是優於男性的一大生理特色。所以在適當的場合儘量減少服裝的層次，以展現出婀娜窈窕、柔美悅目的身段。當然，身材不是很令人滿意的要巧於掩飾，多留心一些容易被其他人疏於美化的部位，這樣更能突出顯示你特有的美麗。

參加舞會，在滿眼色彩濃烈的服飾中，穿著一份淡淡幽雅的裝束，容顏裝扮上以素雅為主調，反而有一定的獨特吸引力。「紅裝素裹，分外妖嬈」。

女性的髮型和頭飾，是一處可引起人們眼睛一亮的「聖地」。自然、舒展且與臉型、體型、年齡、職業頗為相稱的髮型美，更會烘托出女性的熠熠神采和風姿。

比較來說，女性的外在形象比男性更加重要，也更為引起同性和異性的目光所關注。女性的迷人風采在交際中所發揮的作用是極其重要的。

（2）露出自然的微笑

笑是所有人嘴邊一朵美麗的花。女性的微笑，是一封最好的自我介紹信，是袒露內在心靈善良柔美的永恆佳作。它傳遞著熱情，散發著溫馨。自然的微笑可在瞬間縮短與對方的心理距離，

是與人交際的優質傳導體。對陌生人露出微笑，傳達著你的隨和與友好；對冒犯你的人展現笑容，傳達著你的寬容與諒解；對鍾情你的人微笑，傳達著你的傾心與接納；對周圍的人微笑，傳達著你對生活環境的適應與融入。

無論在何種交際活動中，一旦遇到進退兩難的尷尬場景時，可用輕輕的微笑去沖淡這緊張難堪的氣氛，獲得周旋緩和的餘地，掌握著交往的主動權；當一種態勢迫使你不得不出場時，善意從容的微笑便是一種強大的、表達信心的「力量」，也是輕鬆神經、積極思維、征服對方、贏得勝利的絕佳緩衝方案。

（3）展現自我介紹的風韻

在所有場合，女性的自我介紹，都是充分展示其交際魅力、給人留下美好第一印象的「開場白」。儀表美，加上有一個恰當或討人喜歡的自我介紹，就是一次成功到位的自我推銷，會使人禁不住產生想與你交往或成為朋友的期望。在做自我介紹時，第一要有充分的自信和自尊；其次要以恰當和真切的姿態、聲音、表情打動人心。

介紹自己的姓名時，注意聲音要清晰、明朗，語速節奏不可過快。與此同時，滿面春風的表情，更會使人產生深刻並良好的印象。

（4）展示良好的姿勢

優雅的坐姿，能顯現女性端莊、穩重、大方的風格特性，是女性體現姿態美的一種重要方式。坐時兩肩平穩放鬆，雙腿呈流水形，切忌兩腿分開或蹺二郎腿，腰背挺直，不左右或上下地來回晃動。這樣才能給人一種嫻靜、含蓄、有品味的美感。

善於耐心傾聽他人講話的女性，給人一種懂得尊重他人、很

講禮儀的感覺。在聽他人說話時，不時適當地微微點頭，並真誠地用雙眼望著對方，適時地插話，比如插一些「嗯」、「很好」、「是嗎」、「真棒」等話語和感歎，使對方饒有興味地說下去，同時也因此敬重你。

（5）展現溫柔的女性特色

在日常生活中，幾乎每個人都很喜歡「大姐姐」的熱情和周到。她們被人稱為大姐姐，很明顯是由於她們經常將感情傾注於交際之中，善良、溫柔成了「大姐姐」形象的核心品質。

溫柔、善良原本就是女性的特質。溫柔又善良的女性，總能散發出濃烈而甘醇的感情芳香，釋放出深深吸引人的強大磁性。

維護你的人際關係網

人際交往中，不只是蘊涵著大量的成功機會，更重要的是其擴充和豐盈著我們的人生。就女人來說，假如你要在事業上獲得更進一步的發展和提升，你一定要學會編織並維護好你的人際關係網路。

有職業生涯規劃專家指出，百分之十的成績、百分之三十的自我定位以及百分之六十的人際關係網路，才是共同使我們達成理想的標準因素。對女性來說，這往往是一項艱難的任務。事實上，不只是她們在辦公室裏取得的工作成績和她們的專業知識，還有她們的自我公關能力和良好的關係網，才促使她們在職場上遊刃有餘並魅力無窮！要知道：倘若你的上司們對你毫無印象，他們怎麼會在重要的時刻想起你呢？這其中，人際交往的作用最關鍵。

不少女性對於運用她們的交際能力感到害羞或是根本不願展

現自己的魅力。殊不知，不合時宜的謙虛以及過於嚴厲保守的家教，都很可能成為一個人成功路上的障礙。毋庸置疑，我們可以總結出人際關係網路的嚴格規律：一個人在關係網中處理得當，那他就會認識更多的人，同時被更多的人所認識。

人際關係網是付出與給予之間的不斷平衡，是一種雙方自願同意的公平交易。在此談不上什麼道德評價問題，特別是在還遠遠談不上性別平等的職業生活中：女性的失業率要明顯高出男性許多，相同職位的女性得到的是比男性同事低得多的薪酬，而在高層領導中，女性更是寥寥無幾。

令人滿意的工作、含金量高的解決方案、具有決定意義的優勢決策資訊，那些成天拘泥於自己軀殼裏孤僻的人，對這些成功的要素永遠只能是可望不可及的。而那些經常搞聚會的，經常讓別人看見和別人交往的，而且有時也會到社區論壇上走一遭的人，才能輕鬆如願地獲得成功的入場券。也只有這樣的人，才能夠被其他人群所接納。這些人群中的人，通常會探討怎樣在職場中實現目標與獲得成功，悄悄交流什麼地方會有某個職位空缺，他們通常也通過交流來消除自己內心的疑慮和恐懼，從而更堅定自信心。

不管是自己的生活伴侶、工作同事還是街角的老闆，每一個人都平均認識五百個人。這些關係完全能好好利用起來並運用技巧把它們聯結整合起來。假如你確實善於經營自己的人際網路，一定能獲得「蜘蛛人」那樣的非凡力量，你的人生也將從此變得更豐盈圓滿。

（1）樹立目標

為你的未來確定一個關鍵的主要目標。你的目標確立得越具

體，你的關係網就越容易被全面聯結起來。譬如把媒體上頻頻露面的著名人物當作自己的職業榜樣。把你的職業目標用生動明確的語言描述出來，然後規劃好你能夠分步驟達成的中間目標。

（2）建立聯繫

一切活動都會為你提供擴大社交圈的可能性。你應預先思考一下，你渴望認識什麼樣的人，接著收集一些可以參與到跟這些人交談中去的訊息。讓自己盡一切可能適應環境，原因是假如你要求自己至少要與三個以上的人攀談的話，即使是你乾坐或閒站在那裏應酬，也會令你感到緊張。

（3）告訴別人

無論你是在謀求一份新工作還是要購買一台價格便宜的筆記型電腦，只是你並不知道誰能夠幫助你，「撒網」就可能作為一種選擇被派上用場。把你的願望告訴每一個你碰巧遇到的人，通過口頭傳播，肯定會讓你受益匪淺並大有驚喜。

（4）參加聚會

積極利用各種聚會時間，不僅是正式的派對。活動前，講座中間休息時，午餐時或是在機場候機室裏，你都不應置身事外。你完全可以有意地結交一些你的同事、領導以及你對面的人。事業的成功一樣可以在下班時間裏取得。

（5）收集資訊

詳細而且積極認真地傾聽，通過提問題，你可以使正在進行的談話朝著你所希望的方向發展。為了你的現在和將來，為了你自己和他人，要收集一些個人或企業聯繫方式和值得瞭解的資訊。更重要的是人際網路要用心地勤於維護，缺少妥善的管理，

將使你前面所有的努力功虧一簣。

（6）填寫記錄卡片

精確地記錄在哪種活動中結交了什麼樣的人。不要僅寫下名字，還要寫下你對他們工作最感興趣的方面。這樣便不必記下所有的細節，而在有所需要時，就會有所側重地查看卡片。介紹他人加入。你的人際關係網是一張安全而有高度彈性的網，所以你可以慷慨地介紹更多的人加入到你們的行列中。這裏的意義在於你是這個關係網中真實鮮活的一分子，而且一個積極介紹人的名聲就此形成並傳播出去。

（7）保持忠誠

不要由於她休了一年的產假，就把她從你的聯繫人名單裏劃去。定期或不定期保持和她的聯繫，哪怕是她和你目前的工作沒有一點點聯繫。只有注意時刻維護好你的人際關係，你才能在需要他人幫助的時刻獲得充足的幫助。

（8）一份祝福

小事也可以帶來大影響。在熟人生日時送上一束鮮花或是發出一個表示關切和祝福的電子郵件，朋友婚禮婚慶或是生育時也要及時送上溫馨祝福，當你在行業報告中看到老同事獲得成功的消息時，要記得在第一時間祝賀他。不久之後，你會發覺自己也得到了超出期望的美好和誠摯的祝福，會有很多人想著你、念著你。

建立一個穩定可靠的聯絡方式。跟同事或是同行每個月在聚會上碰碰面。在這樣的內部聚會上會有不少免費而又不可忽視的內部消息、改進工作方法的建議和成功卓著的戰略。

避免女性易犯的人際錯誤

女性因為自身的行為和習慣，加上認知方面的偏差，往往會在不知不覺中給自己佈下人際關係的陷阱，輕則影響自己的情緒，重則使自己的所有努力前功盡棄，在競爭中很委屈甚至含冤地敗北。

（1）過於熱心並議論他人的隱私

在一家大型報業集團做財會工作的王小姐，曾是同事們公認的熱心人，身邊的同事只要碰上了什麼麻煩事，她總是積極熱心地幫助。這原本是一件大好事，可後來她老是禁不住地打聽起同事們的私事，比如某某年輕女同事和某某男同事戀愛的情況，某某同事瞞著配偶留有私房錢之類，更糟糕的是她還把這些瑣事當作聊天的熱門談資或鮮活猛料。因此大家私下裏不得不擔心自己是不是有什麼不想讓外人知道的私事被王小姐「抓到」了，並成了她熱衷談論的對象。不久，大家就有意無意地與她拉開距離，漸漸疏遠她了，甚至盡可能迴避與她在工作上的正常接觸。雖然她的工作量在課裡最多，也非常積極參與公司裏的公益活動，然而這兩年年終甲等都沒有她的份，提拔升職更與她無緣。

毫無疑問，敏感和細膩是女性的天生特質，若運用得宜，會對自己的人際關係產生巨大的潤滑作用。可若不幸運用失誤，如過度介入同事的隱私並不知節制地加以評點，就會引起人們的強烈厭惡感，把你視為「長舌婦」，這就極不明智了！

（2）利用性別秘器謀求私利

盧小姐儘管並沒有很漂亮，可在她所工作的某汽車集團大樓裏，還是具有很高的回頭率的。雖然不過是一個普通的辦事員，可她有事沒事就在老闆前出現，不時地給老闆的杯子裡加點水，

露出嫵媚誘人的笑容，這無疑引起了一些高階主管的注意，便不時帶她出入各種熱鬧繁雜的社交場所。可是她對其他的同事卻沒什麼熱心，還常為工作上的分工和配合問題鬧情緒，不斷與同事發生矛盾，因此人們對老闆眼裏這位「紅人」頗有微詞和異議。然而她卻毫不在乎，畢竟她得到了其他同事無法得到的好處——公司出國旅遊的名單裏常有她的顯赫大名，出差大大超標也無所顧忌地照報不誤，職位也比別人攀爬得飛快。前不久，集團高層人事有大的變動，她感到背靠的大樹已轟然倒下，而自己一直以來樹敵過多，就不得不調到了另一單位，可有關她的各種不光彩的傳言，也很快傳到了新的職場，這自然會極大地阻礙她的職業發展。

可以說，盧小姐聰明反被聰明誤地錯用了自己的性別優勢，極力取悅了一、兩個權力在握的男性，但卻引起了其他人的反感，當然也包括別的女性的反感和藐視，儘管她暫時得到一些眼前蠅頭小利，可卻因此為自己的長遠發展留下了極大敗筆和人際關係的隱患。要記住，不是所有的男性領導都喜歡女下屬嗲聲嗲氣或拋媚眼，一不小心就有押錯寶的時候，況且女人不可能青春永駐。實際上，要是能正確妥當地運用自己的女性優勢，切切實實對上司和同事多些真誠的關懷和照顧，就能為自己搭建一個更大的發展舞臺。

（3）過分矜持拒同事於千里之外

跟盧小姐恰恰相反，在一家綜合性雜誌社就職的黃小姐，對公司裏的同事她都毫無例外地不苟言笑，被大家稱為「冷面美人」。實事求是地說，她才華出眾，寫得一手漂亮文章，人更是長得天生亮麗，可惜她近乎自閉地不近人情，加上曾在感情上受

過較大傷害，待人總是帶著幾分不信任及對他人的警惕和不屑，說起話來也是一副公事公辦的正經樣子，其結果是同事們只好懶得搭理她，對她保持敬而遠之的態度，因此自然業績就大打折扣並升職無望，獎金也總是排在最低的行列。

可見，過分的矜持必定妨礙我們建立良好的人際關係，進而妨礙工作的有效展開，這無異於把自己活生生地放置於失敗的邊緣。因此不管你有任何理由，都要時刻提醒自己在職場裏與人和諧友好地相處，多多展現出善意的笑容，使語氣更加柔和一些，也能為自己創造出一個優質高效的人際氛圍。

（4）過分計較得失會四面樹敵

白小姐在農機公司工作，她的業務能力極強，這一點同事和上司都公認，然而她的人際關係很不如意，原因僅僅在於她太計較個人得失了。從職位的晉升、獎金、抽成到辦公桌的安排，大大小小的事，她都要與周圍的人攀來比去，生怕自己哪裡吃虧了。只要她覺得自己有一點委曲，就要找上司評論一番。這樣的事發生多了，上司難免就很厭煩她，而同事們則由於她老是將他們作為參照物來進行對比也產生不滿，使得她四面樹敵，處處被動。結果上級在物色副理候選人時，雖然她業務能力最為出眾，但考評時所有同事眾口一詞說她太斤斤計較，太在乎個人得失，吃不得一點點虧，群眾基礎差，因而只好把她從候選名單上刪除。

固然，當我們遇到不公平的大事時一定要據理力爭，然而對於多如牛毛的繁雜小事，對那些眼前的蠅頭小利，還是看得輕淡一些最好，千萬不要像白小姐那樣小心眼，錙銖必較，否則得不償失，不但使人際關係全面陷入僵局，更讓人覺得你無法成就大

事，不願委以重任。

（5）以自己的好惡來處理人際關係

　　在一所建築研究院就職的林小姐為人直爽，是典型的「愛恨分明」，對自己看得不順眼的同事幾乎不理不睬，在工作上也不情願配合；而對其他一些自己覺得滿意或情投意合的同事，則是十分熱情，就算在私下也總是與他們待在一起，並且對自己的上司也持有這樣的態度。時間長了，便有人說她是在拉幫結派，搞「分裂主義」，那些她不予理睬的同事更對她滿懷敵意，時常以種種藉口跟她過不去。以前跟她要好的同事由於擔心別人非議以致無形中樹敵，也就開始有意儘量避免和她多接觸，使得她覺得自己無人搭理，像是孤家寡人似的。

　　作為身在職場中的女人，總要與各種各樣的人相互往來。這些人肯定品行高下不一，趣味差異懸殊，價值觀念也形形色色。如果一味講求與自己相近，而對跟自己喜好不同的其他人劃分界限而加以排斥，在工作上斷然很難相互配合，更無從拓展，彼此朝夕相處也很難堪，最後損失最大的還是自己。因此待人應該多一些包容，顧全整體工作大局，千萬不要僅憑自己的個人好惡來處理繁雜的人際關係。

低調消除職場矛盾

　　在你的事業獲得一定的成就時，總會難以避免跟同事產生一些小矛盾和小分歧，這是極為正常的。但是在處理這些矛盾的時候，你要注意採用恰當的方法，儘量不要讓你們之間的矛盾公開激化或升級惡化。

　　通常職場矛盾主要有如下三種：

（1）新人與老人的矛盾

「長江後浪推前浪，前浪死在沙灘上。」——這句話是許多「上班族」時常掛在嘴邊的口頭禪，也是一部分「老人」顧慮「教會徒弟、餓死師傅」的心態寫照，所以辦公室裏的新人與「老人」，總是存在著一些很微妙的關係。

出生於上世紀七〇年代的朱麗，十分看不慣新進公司的九〇年代的「新生代」小劉。朱麗剛工作那時候，一直夾著尾巴做人，對每個年資稍長的同事都奉為前輩畢恭畢敬，辦公室裏的累活髒事她全都搶著幹。可今年公司裏來了新人，本以為可以從「兒媳婦熬成婆婆」的朱麗，卻失望地看到小劉跟過去的自己簡直是天壤之別，她誰也不放在眼裏，跟歲數相差幾十歲的同事也平輩論交，無論在工作中還是在日常閒聊中，也都擺出一副內行專家的樣子，常對他人的工作和集體的事情指手畫腳。更令朱麗無法忍受的是小劉居然用甜言蜜語和糖衣炮彈「賄賂」領導，使得本是骨幹力量的自己被冷落一旁。極度失落的朱麗，感到由小劉唱主角的辦公室越來越了然無趣，便漸生離意。

（2）上司與下屬的矛盾

不少人都把上司與下屬的關係比喻成貓和老鼠的關係，有人甚至說：「看到手機上顯示的來電號碼是老闆的，整個人都害怕得渾身發抖。」殊不知，老闆也自有苦衷。馬志強是一家外貿公司的老闆，因為客戶經常只是認業務員而不認公司，於是他對手下的所有業務員都非常關照和尊重，很擔心他們哪一天帶著客戶跳槽到競爭對手那裏去。只是「一碗水端平」的做法雖然讓大部分業務員滿意了，而那些業績拔尖的業務員，卻覺得沒有得到應有的更多重視，最終還是另謀高就，這令馬志強感到極其苦惱和

傷心。他陷入深深迷茫，究竟該如何才能管理好下屬呢？

　　「老人」擔心被搶風頭，新人更擔心受到欺負。今年剛大學畢業的小陳到一家大企業工作，公司裏單身漢很少，因此只要是晚上有應酬，領導毫無例外地讓他這個新人作陪。不勝酒量的小陳只好硬著頭皮充當先鋒，即使感覺體力不支，領導也總一半玩笑一半認真地說：「領導讓你喝，哪怕是毒藥也一定要喝！」僅僅幾個月下來，小陳感到身體健康狀況明顯大不如前。

（3）女同事之間的矛盾

　　正如俗話說：「三個女人一台戲」。女性同事多的辦公室，明爭暗鬥常常不可避免。同是單身的王小姐和李小姐本來是公司裏的一對姐妹花，關係十分要好，彼此無話不談。可自從公司新來了一位英俊瀟灑的單身男上司，兩個人間的火藥味不知不覺就漸漸濃了起來，不但工作中經常在這位男上司面前針尖對麥芒、互相嘲諷，著裝打扮上也各起苗頭，暗中較勁，以前如影相隨一起去美容院的她們，再也不交談美容心得了。當有人問她們為什麼，兩人的回答總是不約而同：「難道我要給自己培養競爭對手嗎？」爭風吃醋了整整一年，上司卻在另一家公司找到了心儀的「另一半」，這時她們才知道原來誰也沒有能勝過對方，倒反而把她們的友誼輸掉了。

　　該怎樣化解這些矛盾呢？最關鍵的是要自覺調整好我們自己的心態，在此，我們不妨來看一則小故事：

　　很久很久以前，有一位叫愛地巴的人，每每他生氣時就跑回家去，然後繞著自己的房子和土地大跑三圈。到後來，由於他的房子越來越大，土地也越來越多，而當一生氣時，他仍要繞著房子和土地大跑三圈，不管自己累得上氣不接下氣，滿身汗流如

雨。

他的孫子很不理解地問他：「爺爺！當你一生氣時就繞自己的房子和土地全力地跑，這難道有什麼秘密嗎？」

愛地巴回答孫子說：「在我年輕時，每次一和別人吵架、爭論、生氣，我就繞著自己的房子和土地猛跑三圈。我一邊跑一邊想，自己的房子還這麼小，土地又這麼少，怎麼還有心情、時間和精力去跟別人生氣呢？一想到這些，我的氣就立刻消失了，也就有了更好的心情、更多的時間和精力來工作了。」

孫子又接著問：「爺爺！現在你已經成了富人，可你一生氣時為什麼還要繞著自己的房子和土地跑呢？」

愛地巴微笑著說：「現在我是富人了，但一生氣時我還要繞著房子和土地跑三圈，一邊跑一邊想，我現在擁有的房子這麼大，土地又這麼多，還有什麼必要跟別人斤斤計較呢？一想到這些，我的氣就完全自動消失了。」

明智的你，一定能夠從這個故事中領會到許多重要的人生道理吧！假如你的事業才剛剛開始，還沒有進入到「富人」的行列，你不妨從他人的錯誤中吸取經驗和教訓，把他人的錯誤看成對自己今後工作的警醒。假如你已經事業有成，你可以一種豁達大度的心態來對待下屬的失誤。給別人提供一個成長的機會，事實上也就是贈送給自己一個發展的機會。

在你用一根手指頭指著別人的時候，同時已經有三根手指頭在是指著你自己。千萬不要以別人的錯誤來懲罰自己的身體，而用積極大度的心態來看待和處理辦公室裏的所有事情，你會驚奇地看到：你的團隊是一個富有活力、滿懷信心、充溢著仁愛之心的團隊。而每一個企業獲取巨大成就的最有力的武器，就是活力、信心與仁愛。

關係網中不可有的幾種人

作為當今時代的女人，你要懂得把握好人際交往的尺度，換個說法就是在你構建你的人際關係網路時，要有理智和慎重地選擇，不能把任何人都當成知己，隨意就把自己的或者朋友的秘密向對方和盤托出。當你還難以確定對方的個人品行時，注意保持一定的距離是很有必要的，畢竟「害人之心不可有，防人之心不可無」。這樣做有利於你自我保護，也避免別人認為你是一個為人處世不成熟的人。

綜合有關人生哲學，下列人士是你要儘量避免交往的：

（1）交淺言深者

你應該透過日常閒談而與別人溝通，以拉近相互之間的距離，使彼此關係更密切。然而有這麼一種人，才剛剛和你認識沒多久，還很生疏，就一股腦兒地把自己的苦衷和委屈向你傾訴。這類人乍看起來很令人感動，不過他很可能也像對待你一樣隨便地就向其他人傾訴，你在他心中其實並沒有什麼特別的分量。

（2）搬弄是非的「饒舌者」

幾乎可以斷定：說人是非者，必為是非人。這種人偏好成天費盡心思探尋他人的隱私，不停抱怨這個同事哪兒不好、那個上司又有外遇等等。長舌之人最有可能對你和他人間的交情進行挑撥，在你和他人真的發生摩擦而不愉快時，他卻在一旁隔岸觀火、事不關己地看熱鬧，甚至還幸災樂禍地拍手稱快。也可能竭力慫恿你和他人爭吵，鬧得大家不得安寧。他會指使你去說別人的壞話，同時他卻添油加醋地把你說的這些壞話最快地傳到別人的耳朵裏，假如別人不細緻地明察，那麼給你惹來的麻煩就多得讓你招架不住。

（3）唯恐天下不亂者

有部分人過分活躍，總愛傳播甚至編造小道消息，故意製造緊張氣氛，搞得人心惶惶、雞犬不寧。假如遇到這種人對你說這類空穴來風的話，千萬要提高警惕，不可相信。當然也沒必要當即就給他潑冷水，只需應一聲：「噢，真的嗎？」

（4）順手牽羊愛占小便宜者

有些人總愛貪小便宜，在他們眼裏「順手牽羊不算偷」、「不要白不要」，因此下班時就隨手拿走公司的財物，比如訂書機、紙張、各類辦公文具等小東西，儘管值不了什麼錢，但負責任的上司必定不會姑息養奸。這種占小便宜還包括利用上班的時間或挪用公司資源做私事、兼差，總嫌公司發的薪水太少，如果不利用公司的資源撈些外快，心裏就難受。這種占小便宜的做法看起來問題並不嚴重，可當公司一旦發生較嚴重的事件，上司第一反應就是懷疑是這種人所為。

（5）被上司列入黑名單者

如果你仔細觀察，通常會發現上司將一些人視為眼中釘，欲除之而後快，要是你與「不得志」者靠得太近，極有可能受到牽連，也許你會覺得這麼做太趨炎附勢。可是又有什麼辦法呢？難道還有人不擔心自己會受連累而影響到升職嗎？只是你縱使不與之深交，也切不可落井下石。

儘管避免深交，但還需要與之溝通。在你新進一家公司時，要儘量表現得友善大方，積極主動與同事交往。例如可以邀請同事共進午餐或晚餐，尋找更多的機會請教工作上的事情，藉此來表達你願意全力配合同事做好工作的良好意向。

但應避免三、五位同事有事沒事就經常聚在一起，比如去唱

歌、逛街、看電影、聚會、玩牌，漸漸地，情誼不可避免地加深，並有可能從此形成一個「小團體」。

要知道，假如上司把你當成小團體的一員而列入黑名單，那你就倒楣了。通常說來，上司對小團體總是持有不信任的態度，對於小團體裏的人員多懷有顧慮。

第一，上司會認為小團體裏的人公私難分，偏重私利。假如提拔了團體中的某個人，而與之要好的同事「哥兒們」極有可能會得到偏愛放任，不光不利於公司、事業的發展，而且對其他員工也非常不公平，會引起連鎖的「公憤」。

另外，有時上司還可能擔心小團體裏的人「不忠誠」，圖謀小團體私利。因為時常聚在一起的人氣味相投，如果上司批評其中某個人或扣他的獎金，或其中某個人與別的同事發生矛盾，這幾個人將可能聯合起來對付上司，以致影響公司團結，後果甚為嚴重。還有一種情況，就是如果上司想要給小團體中某個人單獨獎勵或紅包，這個人難免就會洩漏給圈內的哥兒們知道。而紅包很可能不是所有人都能得到，這時一旦其他同事知道紅包這回事，一定會有人認為上司辦事不公，因而好事也變成壞事。

快速與人搭上關係的三大技巧

（1）故意顯露笨拙的一面，讓對方產生適度的優越感

比方說，如今的演員總以年輕貌美、頭腦聰明、歌藝佳、演技生動為優點，想盡一切辦法在觀眾中塑造一種迷人的形象，以提升自己的優越感；可事實上，當一個人面對比自己優秀得多的人時，只會加重心中的挫敗感，也就自然而然地產生了反感。依據這個原理，不少有心的人為了提高知名度，故意表露自己某方

面的笨拙和缺憾。在公司的同事、上司面前，有意表現出單純的一面，以其憨直的形象，激發他人的優越感，吃小虧而占大便宜。而有些部屬不懂得隱藏自己的鋒芒，工作上時時處處表現得幹勁十足、能力超強，卻不知自己在無形中已招來許多或明或暗的嫉妒和猜忌：「你行，你一人就能做好，那還要我們幹什麼？」

（2）說些自己的私事，從而拉近彼此間的距離

開門不一定就要見山，一見面就大談工作的事，註定會使人產生反感。不如暫時拋開主題，先談彼此共同感興趣的話題，或談自己日常的繁雜瑣事，以期達到心靈的共鳴。如甘迺迪在角逐總統席位的競選演說中，曾輕描淡寫地說：「緊接著，我還想告訴各位一句話，我和我的妻子雖然贏得競爭總統席位的選戰，可是我們希望能再生個孩子。」

在公司和同事談及私事，能夠增進相互之間的親近感。不過私事並不等於隱私。假如你對別人洩漏出自己的隱私，別人有可能會以此作為話柄攻擊你。假如你隨意談論別人的隱私，別人也會對你產生厭恨，並尋機報復你。

（3）傾聽是你克敵致勝的法寶

一個時時運用耳朵的人，遠比一個只用嘴巴的人更討人喜歡。在跟人溝通時，要是光顧自己絮絮叨叨、說個不停，絲毫不顧及對方有沒有興趣聽，這是很失禮的行為，也非常容易讓人頓生反感。

做一名好聽眾，不只是自己要說，還要尊重別人說，其效果比你一個人說得天花亂墜好得多。傾聽絕不僅是簡單地聽，而是要用心真誠地聆聽，並且要適時地表明自己的認同或讚揚。傾聽

時，臉上要展現著微笑，最好不要做其他的事情，應專注地用恰當的表情、手勢，如點頭表示贊同，避免給人敷衍了事的印象。

尤其是當對方有怨氣、憤懣需要釋放時，傾聽能夠及時緩解他人的敵對情緒。不少人氣憤地訴說，並不一定需要獲得什麼具體的解釋或補償，而是需要把自己的不滿情緒排除出來。這時候傾聽要比提供所謂的合理建議管用得多。假如真有必要進行解釋，也要設法避免正面或公開的衝突，而應在對方的怨氣得到較大緩和之後再進行。

影響人際關係的九類行為

大家一起在同一個單位，或者就在一間辦公室，把同事間的關係搞好是十分重要的。關係諧調融洽，心情就舒暢開闊，這既有利於做好工作，又有利於自己的身心健康。假如關係不和諧，甚至出現緊張，那工作起來就沒滋沒味了。影響同事關係不夠融洽的原因，除了重大或原則問題上的矛盾以及直接的利害衝突以外，平常不注意自己的言行細節也是一個重要原因。

那麼什麼樣的言行會影響同事間的關係呢？

（1）有好事不通報

單位裏發放物品、領取獎金等，你比別人先知道了，或者自己已經領了，卻毫不吭聲地呆坐在那裏，彷彿沒有發生什麼事似的，一點消息也不向大家透露，有些東西本可以代為領取的，也從不主動幫人領一下。如此幾次下來，他人自然會有想法，認為你不合群，缺少共同觀念和協作意識。以後他們有事比你先知道了，或有東西先領取了，也就有可能不願意告訴你。這樣下去，大家相互之間的關係就難以和諧了。

（2）明知卻推說不知

有同事出差去了，或者臨時離開辦公室一會兒，此時恰好有人來找他，或者恰巧有電話找他，倘若同事臨走時沒有主動跟你說，可是你知道，你應很樂意地告訴他們；假使你的確不知具體情況，那可以問問別人，然後再告訴對方，從而體現出你的熱情。若明明知道，而你卻硬要說自己不知道，一旦被人看穿，那彼此的關係就必然會蒙上一層陰影，受到很大影響。外人找同事，無論情況如何，你都應真誠與熱情，如此哪怕沒有帶來實際作用，外人也會覺得你們的同事關係很友好。

（3）進出不互相告知

假如你有事需要外出一趟，或者請假不上班，儘管有權批准請假的是領導，可是你最好要跟辦公室裏的同事們言語一聲。就算你暫時只出去半個小時，也應跟同事打個招呼。如此，萬一領導或熟人過來找，也方便讓同事有個交代。要是你什麼話也不說，一個人進進出出神秘兮兮的，有時正巧碰上有要緊的事，人家就不知道怎麼跟你說了，有時他們也會懶得說，受到最大影響的恐怕還是自己。互相告知，既是大家共同合作的需要，也是聯絡感情的需要，它體現雙方互有的尊重與信任。

（4）不說可以說的私事

有些私事確實不能說，可有些私事說說就挺有好處，至少沒什麼壞處。比如你的男朋友或女朋友的工作單位、學歷、年齡及性格脾氣等；倘若你已經結婚，有了孩子，也就有了關於愛人和孩子方面的話題。在工作之餘，不妨順便聊一聊，它能增進相互瞭解，加深彼此感情。要是這些內容都嚴加保密，從來不願跟別人說，這就很難算得上是真正的好同事了。無話不談，通常證明

彼此感情深切；有話不說，自然就證明人際交情的疏遠。你在恰當的時候主動和別人說一些必要的私事，這樣別人也會向你說他們的私事，有時還能夠相互幫幫忙。如果你一切私事都不願說，自始至終守口如瓶，其他同事怎麼可以信任你？信任是建立在彼此充分暸解的基礎之上的。

（5）有事不肯向同事求助

　　不輕易開口求人，這是千真萬確的。畢竟求人總會給別人帶來一定的麻煩。然而一切事物都是辯證的，有些時候向別人求助，反而能體現你對別人的真正信賴，這樣可以融洽關係，加深感情。比如你身體略有欠佳，你同事的愛人正好是醫生，你不認識，那麼你可以通過同事的引薦去找，以便診療得快一些，細一些。如果你偏不願求助，同事知道了，反而會認為你對他們不夠信任。你不願求人家，人家自然就不好意思求你；你怕麻煩人家，人家也就以為你一樣很怕麻煩。良好和諧的人際關係是以互相幫助為前提的。所以求助他人在正常情況下是合適的。只是向別人求助要掌握好分寸，儘量不要讓人家感到為難。

（6）拒絕同事的「小吃」

　　同事帶一些水果、瓜子、糖之類的零食到辦公室，休息時分給大家吃，你就不要一味推辭，不要認為難為情而一概加以拒絕。有時，同事中有人獲得了上級的嘉獎或升職什麼的，大家一起高興，要他買一點東西請客，這也是極為正常的，對此，你應要積極熱情地參與。你不要冷冷呆坐在旁邊不聲不響，更不應人家主動給你，你卻堅決一口回絕，表現出一副不屑為伍或不稀罕的很不近人情的神態。人家好心好意地熱情分送，你卻一次次冷漠回拒，日子一長，人家就有理由說你清高冷血和傲慢無情，認

為你難以相處。

（7）常和一人「咬耳朵」

　　同一個辦公室有好幾個人，你對每一位同事都要儘量保持平衡，儘量始終處於不即不離的狀態，也就是說，不能對其中某一位特別親近或特別疏遠。在平常，不可老是跟同一個人說悄悄話，進進出出也不要總是與一個人為伴。要不，你們兩個也許十分親近了，但疏遠的人會多得多。有的人還妄稱你們在拉幫派、搞小團體。倘若你總是在和同一個人「咬耳朵」，別人一進來又停止不說了，那麼別人難免會產生你們在說人家壞話的想法。

（8）熱衷於探聽家事

　　可以公開說的人家自己會說出來，別人不願意說的就不要去挖它。任何人都有自己的秘密。有時候同事不經意中將心中的秘密說漏了嘴，對此，你千萬不可去探聽，不可探問個究竟來。有一部分人就是熱衷於探聽他人家事，事事都想瞭解得明明白白，根根底底都想弄清楚，這種人是會被別人看不起的。你喜歡探聽，就算你不存有什麼目的，人家也會忌你三分。從某種角度上說，愛探聽人家私事，是一種與道德相背的行為。

（9）喜歡嘴巴上佔便宜

　　在與同事相處時，有一些人總想在嘴巴上佔便宜。他們喜歡說別人的笑話，討人家的便宜，哪怕只是玩笑，也絕不肯以自己被佔便宜而告終；而有的人愛好爭辯，有理要爭理，沒理也要爭三分，總要讓自己占上風不可；有的人不管是國家大事，還是日常生活小事，一發現對方有破綻，就死死緊抓不放，非要讓對方敗下陣來為止；有的人對本來就爭不清的問題，也一定要爭個水

落石出；有的人常常樂此不彼地主動出擊，人家不說他，他就偏要先說人家。

打造絕佳人脈的交際修煉

當今開放的時代要求每個人都要學會交際，善於與人溝通交流。特別是女人，在追求事業成功的同時，務須加強自己交際能力的修煉。以下就提供一些與人交往的技巧，請女性朋友多多參考。

（1）懷有積極的交際心態

交際，是你個人和同性或異性朋友共同的事，需要雙方共同努力來完成。有的女性朋友，由於羞澀、自卑和矜持等心理原因，儘管也願與他人保持交往，可是總採取保守被動的態度，不積極、不主動，外表冷冰如霜，妨礙了人與人的交際。女人應自信熱情一點，大多數男性是願意與你交往的，通過交際，你會擁有更多的支持者，如此對你的事業發展非常有益。

（2）記住特殊的日子

要跟交際網路中的所有人保持積極聯繫，準確地記住那些對自己的關係特別重要的日子，如對方的生日或週年慶等。每逢這些重要的日子，要打個電話給他們，至少給她們寄一張表達祝福的賀卡，這些小細節都是維繫和鞏固關係的粘合劑。

（3）邁好交際第一步

需要先選幾個自己覺得能靠得住的人，組成良好、穩固、有力的人際關係的核心。這樣的人可以是自己的朋友、家庭成員和那些在你職業生涯中相互聯繫很緊密的人。她們構成你影響力的

內在核心圈，主要原因是她們能讓你發揮所長，而且彼此都真心期盼對方獲得成功。在這裏不存在任何鉤心鬥角的威脅，她們不會在背後說你的壞話，並且會發自內心全力為你著想，你跟她們的相處會真切、愉快而融洽，同時也能增強你交際能力的自信心。

（4）推銷自己

與人交談時要盡可能地向別人推銷自己。初次與人相識，彼此都還不怎麼瞭解，要在交談中較為明確詳細地介紹一下自己，比如自己正在從事的工作、你的特殊興趣愛好等等，如此更能引起對方對你產生好感。

（5）總把新桃換舊符

不必要總花過多時間用來維持對自己已無甚益處的陳舊關係。隨著朋友數量增多，有的是可有可無的，這其中包括那些相識已久，可是對你的職業生涯已無所裨益的人，不妨儘快從你的人際交往通訊錄中刪掉，在這方面，女人不要太過於戀「舊情」，維持對你沒有絲毫益處的老關係，只意味著時間的無謂浪費。

（6）遵循交際規則

要記得時刻提醒自己遵守交際規則，不是「別人可以為我做些什麼」？而是「我可以為別人做些什麼」？在回答別人的問題時，不妨主動再接著問一句：「我可以為你做些什麼？」要不然，你的人生道路上將會出現較多「堵塞」或「事故」。

（7）尋找機會，常在重要場合露面

尋找機會，參加一些重要的活動，多出席一些重要的場合。

因為重要的場合，經常會同時彙聚了自己的不少老朋友，藉助這些機會，你可以進一步加深與他們的關係，並彼此留下更深更好的印象，另外，你可能還會結識許多新朋友。因此對自己關係很重要的活動，不管是升職派對或是朋友女兒的婚禮，都應儘量親自到場。

（8）第一時間

每逢朋友升遷或有其他喜事，要記得趕在第一時間內去祝賀。如果你的關係網成員升職或調到新的組織去，你就要在第一時間祝賀他們。同時，也讓他們知道你個人的情況。要是確實無法親自前往祝賀，也一定要通過電話來表達一下自己的友好情誼。第一時間去祝賀，給人的印象也將是第一的。

（9）交際的收穫

當雙方建立了穩固良好的關係時，彼此會激發出超強的能量。她們會極大激發你的想像力和創造力，使大家的靈感都不斷湧現。你和他人交換蘋果，你手裏得到的依然只是一個蘋果；你和他人交流彼此的思想，你會驚喜地獲得兩個思想。

（10）要有奉獻精神

假如朋友遇到困難，要及時給予他們心理安慰或提供應有幫助。在他們情緒低落時，熱心地打個電話給他們。不管你關係網中哪一個人遇到麻煩，都要立即與他通話，並主動伸出慷慨的援助之手。這是表達你支援朋友之積極意願的最好方式。

（11）別一味貪圖

在人際交住中你不能一味貪圖。倘若你從來都只是個手心向上的接受者，對別人是「鐵公雞」，那麼不管多好的關係，別人

都會迴避你、疏遠你。建立和維護關係網絡時，要深知「禮尚往來」的重要性。

只要堅持按照以上技巧修煉自己，不用多久，你的交際水準一定會大有長進，獲得持續良性的發展。

歐普拉・溫弗瑞：享受語言的快樂

出身低微、黑人血統的歐普拉・溫弗瑞，作為當今世界上最具影響力的婦女之一，她的成就是舉世矚目而又多方面的：通過控股哈普娛樂集團的股份，她坐擁十多億美元的個人資產；主持的電視談話節目「歐普拉脫口秀」，平均一星期吸引三千三百萬名觀眾，且持續十幾年穩居同類節目排行榜的首位；歐普拉於一九九六年獨創的一檔電視讀書會節目，在美國引發了一股人人爭讀好書的熱潮；她擠出業餘時間在大導演史匹柏格執導的電影《紫色》中客串了一個角色，竟榮獲了當年奧斯卡最佳女配角的提名。迷戀歐普拉的人甚至聲稱：要是她去角逐美國總統寶座，穩操勝券亦大有可能。美國伊利諾斯大學還特地開設了一門課程來研究歐普拉，以期揭秘歐普拉成功背後的真正原因。

・她的出現讓觀眾振奮

二〇〇一年六月，北卡羅來納州首府羅利市舉世聞名的 BTI 表演藝術中心的大禮堂裏，二千多個觀眾座位上人頭攢動、黑壓壓一片，他們正在耐心地期盼著這次

節目的主角、也就是他們心目中的「訪談皇后」歐普拉的隆重出場。這是歐普拉進行題為「渡過最完美的生命之旅」巡迴演講的第一站，雖然一張門票價格高達近二百美元，可是二千多張門票在轉眼間的兩小時內便已大告售罄。為了能親自聆聽一次歐普拉振奮人心的演講，部分「歐普拉迷」們甚至情願在 EBAY 拍賣網站上用二千美元，從網路票販子手上訂購得一張演講會的入場門票。這次演講所賣得的門票收入，將悉數捐贈給當地的慈善機構。

在長達兩個半小時，帶著近乎傳教色彩的幽默演講中，歐普拉對台下的觀眾述說了自己的個人奮鬥史，在她面對貧窮、肥胖、事業挫折等難題時，她是怎樣調整心態，讓自己變得更加堅強的。當說到事業方面時，歐普拉說：「生活常常有一種極大的慣性，使得人們在現有工作面前安逸鬆懈，喪失進取心，此時我們要捫心自問，這是不是你確實想要的工作，什麼樣的工作才是最適合你的呢？而後要聽從來自我們內心深處的召喚。」歐普拉還以自身作為例子，直至她一九八四年在芝加哥當上電視節目訪談主持人以後，她才「真正找到了工作的激情和感覺」。歐普拉時常勸告她的崇拜者們，當繁重的工作沒有為自己帶來豐厚的報酬時，就要勇於把它斷然放棄，而去追求自己夢想的職業。所有人都應聽從「內心的呼喚」，只有當一個人完全相信自己時，他才能成為生活和事業上的強者，「假如你堅信自己有朝一

日能夠當上總統，那麼很可能有一天你就能夢想成真。」歐普拉滿懷激情地說道。

在美國，歐普拉是個極有爭議的名女人，她主持的訪談節目征服了數以百萬計的觀眾，而她自己滿是坎坷的奮鬥史，更給生活中遭遇挫折的美國婦女們帶來頗為巨大的信心和希望。一名三十五歲的女地產經紀人拉塞爾激動不已地對人們說：「一看到歐普拉出場，我就感到一股電流從頭到腳穿越全身。雖然我在電視上看到過她無數次，然而卻從沒想到自己會這麼近距離地親眼看到她。」

・墮落天使

同樣出生於黑人家庭，歐普拉少年時代的生活跟其他黑人沒什麼不同。她一九五四年降生於美國南部密西西比州一個支離破碎的單親家庭，生活極度困頓，差不多每天都處於顛沛流離的窘迫狀態之中。同別的黑人少年一樣，歐普拉曾一度十分沉迷墮落。在她以後的金牌節目「歐普拉脫口秀」中，歐普拉曾對著三千三百萬名觀眾充滿愧疚地坦承了自己那段不堪回首的黯淡歷史：吸毒，墮胎，甚至還生下過一名剛分娩不久就不幸夭折的女嬰。在最沉淪的時刻，歐普拉的生父曾對女兒說：「一些人促使事情發生，一些人眼睜睜地看著事情發生，一些人連發生什麼事情都渾然不覺。」因此萬分空虛的歐普拉，想弄清楚自己生命中究竟會有什麼事情要

發生。

　　歐普拉從小就有與生俱來的說話天賦和驚人的記憶能力，她感到自己的言談很容易就能帶動或感染別人的情緒，於是十七歲的歐普拉先是報名參加了當地的一次選美比賽，之後又靠著自己三寸不爛之舌以及良好的運氣，在十九歲那年受聘擔任當地一家電臺業餘新聞播音員，從此正式涉足傳媒界。大學一畢業，歐普拉就幸運地成為巴爾的摩一家電視臺的正式播音員。可是她早期的電視生涯並不順暢。最大的原因是歐普拉在播報新聞時，始終不能保持客觀中立的態度，她的情緒總是因播報的內容而喜憂不定，所以時常招來觀眾的狠狠批評。好在台裏有領導慧眼識珠，做了她的伯樂，及時給她安排一個早間的談話節目，才使得她大有用武之地，很快她就成為當地名氣熱升的女主持。

　　一九八三年，歐普拉再次遇到了生命中對自己大有知遇之恩的伯樂──「Ａ・Ｍ・芝加哥」電視臺的老闆鄧尼斯・施瓦遜。當時施瓦遜正在尋找一名才情出眾的脫口秀主持人，以求儘快提高既有訪談節目的收視率。雖然電視臺的絕大多數人對聘用一位黑人來主持節目表示極度懷疑，可施瓦遜依然頂住壓力，摒除眾人種種非議，以二十三萬美元的年薪把歐普拉招至自己麾下。令人大為驚喜的是短短一個月時間，歐普拉訪談節目的收視率就大幅度地超過了從前，而且從此一路走紅，極受觀眾歡迎，彷彿一夜之間歐普拉就直登「美國最當紅脫

口秀主持人」的寶座。

·媒體帝國

　　和大多數談話節目不同的是「歐普拉脫口秀」的邀請嘉賓，並不都是某一領域的專家或學者，相反，往往是平常百姓，談論的話題也主要是個人生活方面。為了能夠讓嘉賓「實話實說」，歐普拉時常不吝把自己的一些個人秘密也向對方坦白透露。每當遇到嘉賓的故事令人感動之時，她就很自然地和嘉賓一起抱頭痛哭。與其他節目相比，「歐普拉脫口秀」更加直接、坦誠，也更富於個性化，所以深得那些白天在家幾乎無事可做、同時知識層次一般甚至偏低的中年人，特別是中年女性的極力追捧，而這些人恰好是收看電視節目的主體人群。

　　更加幸運的是在歐普拉的事業節節攀升時，她又碰到了另一位給她的命運帶來巨大改變的人——傑夫·傑克伯斯，當時的傑夫只是芝加哥一位還很不出名的律師。傑夫好意提醒歐普拉，單單憑藉替人打工並不能讓她真正獲得成功，她很有必要組建屬於自己的公司。因此一九八六年他們兩人一拍即和，很快就合夥創建了「哈普娛樂集團」（Harpo 是歐普拉名字 Oprah 的倒置）。公司是傑夫·傑克伯斯擔任總裁，佔有百分之十的股份；歐普拉則就任董事長，佔有百分之九十的股份。公司主要是定期製作「歐普拉脫口秀」，然後出售給全國各家電視臺。在傑夫的精心經營之下，哈普集團

迅速取得了不凡成就。截至二○○一年，只是「歐普拉脫口秀」一項的營業額收入就已經高達三億美元。還有一個極為令人驚歎的是「歐普拉讀書會」，這就是從一九九六年開辦的電視讀書節目。節目一經推出便捷報頻傳、碩果累累，以致歐普拉選書的那一週，被稱譽為書市的「奧斯卡週」。而經她推選過的書，每一本都暢銷全美國乃至世界。除此以外，整個集團還涉及電影製作、婦女雜誌等多個領域，都取得了令人瞠目的佳績。

歐普拉一向不論大事小事都力求親力親為，極其認真負責。二○○○年哈普集團開始出版一本名為《O》的雜誌，該雜誌的主編說，「在雜誌付印之前，歐普拉會靜靜地端坐下來，一絲不苟地細緻閱讀每一個字，完全徹底地檢查每一張圖片。在不主持節目時，她就一直坐在辦公室的電腦前，她會從星期一下午三點一直工作到星期四晚上八點，並且還不知疲倦地再搭上星期五整整一天，哪怕一個標點符號她也不放過。」結果僅用一年時間，雜誌的每月發行量就達到二百五十萬冊，而在這之前，最成功的雜誌也需要五年才能做到這麼好的成績。如今哈普集團已成為一個名副其實、具有世界影響力的媒體帝國。

·毀譽參半

歐普拉在美國電視臺主持的訪談節目「歐普拉脫口秀」，每一天都穩定地吸引著高達七百萬人的電視觀

眾，同時她和美國著名報刊雜誌出版商赫斯特集團共同主辦的雜誌《奮鬥不止》，在全世界更擁有為數二千多萬的忠實讀者。歐普拉鮮活而又激勵人心的形象早已深烙在美國觀眾的內心裏。近幾年來，歐普拉一直不斷地向觀眾灌輸怎樣使自己的精神得到淨化與昇華、怎樣改變自己的固有或陳舊觀念，她在贏得無數崇拜者的同時，也不可避免地招來了為數不少的非議。有人甚至有些調侃地給她起了個綽號：「迪派克‧歐普拉」，意思是她不真心或不滿足於只做一個純粹的訪談節目主持人，而是想改行像迪派克‧歐普拉那樣要做世人的精神導師。「她或許把自己看成是先知彌賽亞了，想要引領我們所有人都上天堂。」美國作家芭芭拉‧格裏祖蒂‧哈里森說道。賓夕法尼亞大學社會學教授、美國問題研究專家肯柯斯‧維琪‧阿布特則尖刻地指出：「她把現實生活中的許多複雜矛盾過於簡單化，人們一開始聽她的演講時，很可能會受到某種情緒上的鼓舞，然而當她提供的方法，並不能幫助人們解決現實生活中的種種實際問題時，只會加劇人們沮喪失望的情感。」

‧她使無數美國婦女找回失去的信心

　　雖然人們對歐普拉的評價褒貶不一，可在眾多美國人眼裏，歐普拉還是一名極為優秀的女性。「在我看來，她和我們一樣都是普通的人，當她和我交流時，我感到她就像我的好朋友，可以傾心交談。」三十六歲的

銷售代表謝麗爾‧皮爾斯對記者這麼說，在她不得不做了子宮切除手術之後，整個人完全陷入了極度的悲哀絕望之中，生活中的一切都變得灰暗沉鬱，是歐普拉以前的節目及演講，才真正使她從沮喪中徹底恢復過來。還有一名老「歐普拉迷」——退休教師格羅麗亞‧伯魯克斯則說，是歐普拉的節目使她從離婚後的混亂困惑中走上正軌，獲得了「新生」，「歐普拉的生活是一個活生生的榜樣，她親歷並克服了重重困難，取得了事業和生活上的多方面成功。既然她能做到，我相信我們絕大多數人也一樣能做到。」

前不久，翁達‧拉塞爾還是一個沉溺於墮落生活之中的重度酗酒者，可是在看了歐普拉的電視節目之後，她便令人不可思議地自覺改「邪」歸正、面貌一新，不但戒了酗酒的老毛病，而且花二十四美元為自己訂閱了一份歐普拉主辦的雜誌《奮鬥不止》，同時她還另外訂閱了數份，作為珍貴的禮物贈送給心愛的母親、祖母以及三個朋友，希望她們也能從中汲取某種巨大的精神力量。

Chapter 2

發出你的聲音：
女人的溝通能力

　　學會溝通，善於溝通，是一個當代女性一定要具備的本領。假如你懂得將這種本領充分融會貫通、得心應手地運用在你的生活與工作之中，你會發現，你原來也是頗受他人歡迎的人。職業女性想要取得成功，除了努力培養你的工作能力，運用好自己的溝通語言也是至關重要的，就女人而言，出色的溝通能力更是獲得他人認可、儘快融入團隊的關鍵要素。

善於溝通讓女人如魚得水

身為女人，要想建立良好的人緣，並且通過好人緣來促進你的事業，你一定要懂得溝通，溝通的技巧不光是一門學問，更是一門藝術。

根據國外有關研究表明，善於溝通的女人通常具有以下特徵：聆聽多於表達、尊重他人的隱私、不過於謙虛、犯錯誤時勇於承認並坦誠道歉、不給自己的不當行為尋找藉口、不故意過分討好他人、珍惜自己和他人的時間。

而不善於溝通的女人個性特徵主要有：不懂得尊重他人、自我中心太重、過於看重功利、過於依賴他人，以及嫉妒心強、自卑、偏激、退縮、內向不合群、對外界充滿敵意等。

那麼怎樣使自己成為一個受到大眾歡迎的好女人呢？從心理學角度說，改善人際關係的核心要點，首先在於懂得換位思考，學會把自己放在別人的位置上，從他人的角度來體會對方的感受。學會用平常心來看待自己的得失榮辱，把自己的得失榮辱看成發生在別人身上，避免因自己情緒的變化而影響人際關係。其次是把別人當作自己來對待，一個人唯有設身處地通過角色互換，才會善解人意地去急他人之所急、痛他人之所痛。三是把別人當作別人，把別人還給他自己。即尊重別人，不干涉他人的隱私，不侵犯他人的私人空間。四是把自己當成自己，認識自己的獨特性。這意味著在自知的基礎上建立起自尊和自信，揚長避短，更成熟、更理智地與別人友好相處。

溝通，離不開語言這個有力的工具，熟練掌握職場的語言藝術，有助於你獲得好的人緣，而好人緣是你走向成功之路的關鍵因素。在職場上，我們每一天跟同事、領導之間肯定有話要說。要說什麼、如何說，哪種話該說，哪種話不該說，都要注意「講

究」，不能多說。在職場上「說話」的確是一門藝術，不少時候有的人吃虧，就是由於沒有能管好自己的嘴巴。

我有一位好朋友，她性格偏於內向，不怎麼愛說話。可每當有人就某件事情向她徵求意見時，她說出來的話總是特別「刺」人，況且她的話總是在揭別人的「短兒」。

有一回，我所在部門的同事穿了一件顏色鮮亮的新衣服，別人都稱讚說「漂亮」、「合適」之類的好話。但當人家一問她感覺怎樣時，她卻直接回答說：「你身材太胖，這件新衣服不適合你，並且顏色太豔了，跟你的年紀很不相配。」

這「直爽」的話一說出口，便弄得當事人十分生氣，而且其他大讚衣服多麼多麼好的人也顯得很尷尬。原因是她說的話有一部分屬實，比如說該同事就是屬於比較臃腫的人。儘管有時候她會為自己說出的話招人討厭反感而後悔，可太多的時候，她總一如往常地說特讓人難受的話。逐漸地，同事們就不由自主地把她排除在集體之外，很少再就某件事兒去徵求她的意見。

即使如此，若是偶然需要聽聽她的意見時，她仍是管不住自己，又把他人最不願意聽的話給說出來。

至今公司裏幾乎沒有人願意主動搭理她，她當然也很明白大家不搭理她的原因所在。

可見，在我們日常工作與生活當中，不要不講究技巧，就直截了當地指出別人的不足之處。要知道，世界上沒有任何人是完美無缺的，所有人都存在自己的缺陷與短處。當你要「如實」揭別人短的時候，要反求諸己地想想自己的短處，這樣就會在說話時適當有所保留，給他人留一分面子，就等於給自己留一條後路，自然也就是給自己創造良好人緣。

錢芳如今在一家電腦公司當高級程式設計師。她之所以從以

前的公司離職，主要是由於她在同事面前說太多抱怨老闆的話，後來這些話傳到老闆的耳朵裏，老闆就處處為難她、排擠她，迫使她只好辭職走人。具體情況是這樣的：有一次，老闆故意交給錢芳一項難度很大的任務，並跟她事先聲明：「這件事難度較大，假如你感到沒有太大把握，我可以安排別人去完成。」雖然錢芳知道自己的實力，她覺得在公司眾人中，老闆願意主動找她徵求意見，表明老闆很器重自己，因此錢芳對自己狠心地一咬牙就接受了。結果，老闆給的期限太短，錢芳確實無法按時完成這項任務。由於這件事錢芳遭到了老闆嚴厲批評，並對她採取了減薪處罰。

而她感到十分委屈也非常氣憤。錢芳自己認為：這項任務本來就這麼艱鉅，完不成是預料中的事。自己當時那麼拼命努力，沒做完也不應該算是工作失誤。

「老闆太過分，在這樣短的時間裏，讓我一個人做那麼難的事，他明明預料到我做不了，卻非要讓我做，沒做完就對我重罰。」事後，錢芳跟身邊同事都這麼一直抱怨老闆。結果沒過多久，老闆再次給她分派新的任務，還好，這一次錢芳做得很順手，出色完成了任務。

正當錢芳對自己的表現高興之時，老闆又把一個難度更大的工作任務交給她。並說：「在公司我是老闆，下屬只能服從，不允許抱怨。我不養白吃飯的人，如果適應不了就走人。你這次再完不成任務，我想你就要考慮是否該換一份適合自己的新工作。」

不得已之下，錢芳只有選擇辭職。

很可能你們會覺得錢芳很冤屈，然而我們不妨從另一個角度

來思考：第一次的任務，當錢芳明知僅憑一己之力確實無法完成時，就應該坦誠地向老闆說出來，並且向老闆推薦更勝任的人選，倘若抱著僥倖心理接受老闆交給的任務，並不切實際地希望能夠出現「奇蹟」而及時地完成任務，抱著這樣一種工作心態原本就是錯誤的。因此說，碰到類似這種情況時，你一定要主動跟他人有效溝通，盡一切辦法獲得他人的理解與幫助，而不是強逞個人英雄主義，硬著頭皮或毫無把握地去做，一旦把事情搞砸，你在別人眼裏所具有的實力就會大打折扣。

學會溝通，善於溝通，是一個當代女性一定要具備的本領。假如你懂得將這種本領充分融會貫通、得心應手地運用在你的生活與工作之中，你會發現，你原來也是頗受他人歡迎的人。更為奇妙的是從此以後，原來你一個人感到束手無策的諸多問題，挺輕易就可以得到他人的熱心相助。你的生活將處處充滿燦爛的陽光，事業更加順心如願。

職場女性的溝通藝術

職業女性想要取得成功，最重要的一點就是要能跟同事、上司、客戶進行順暢自如地溝通，就女人而言，出色的溝通能力更是獲得他人認可、盡快融入團隊的關鍵要素。

職場溝通三原則

不少人一提起溝通，就以為是要善於開口滔滔不絕地說話，事實上，職場溝通既包括怎樣發表自己的看法，也包括如何傾聽別人的意見。溝通的方式許許多多，除了面對面的直接交談，一封快捷的 E-mail、一通熱情的電話，甚至是一個雙方目光接觸的眼神，都是溝通的手段。職業女性在溝通時需要掌握好三個原

則：

（1）站好立場

　　假如你剛到一家公司，要充分認識到自己是團隊中的後來者，也是最缺乏資歷的新手。通常來說，領導和同事都是歷經職場考驗，他們是你在職場上的前輩。在這樣的情況下，作為新人，你在表達自己的想法時，要儘量採用低調、迂迴的方式。尤其是當你的看法與其他同事有較大衝突的時候，更應充分考慮到對方的威信度，充分尊重他們的個人意見。同時，在闡述自己的觀點或理由時，也不能太過強調自我，要更多地自覺地站在對方的立場上思考問題。

（2）順應風格

　　不一樣的企業文化、不一樣的管理制度、不一樣的業務部門，溝通風格自然也會不一樣，有時甚至截然相反。一家歐美的 IT 公司跟一家生產重型機械的日本企業的員工的溝通風格必定相差甚遠。還比如，HR(人力資源)部門的溝通方式和工程現場的溝通方式也會極為迥異。要留心觀察團隊中同事間的溝通特點，注意把握大家表達觀點的不同方式。假如其他人都是胸襟坦蕩、開誠佈公，那你也就不妨有話直說；假如其他人都偏向含蓄委婉，你也要講究一些說話的技巧，不可太過於直露。歸結為一句話，就是要儘量採用大家都較為習慣和認可的方式，不宜自行所謂的「標新立異」而招來種種非議。

（3）及時溝通

　　無論你性格屬於內向還是外向，或喜歡跟他人分享與否，在工作中，時常注意與同事溝通，總比自我封閉而逃避溝通要好很

多。儘管不同文化的公司在溝通風格方面會有很大不同，然而性格外向、樂於跟他人交流來往的員工總是更受歡迎。你應把握一切可能的機會和領導、同事自如地交流，在合宜的時機巧妙地說出自己的觀點和想法。

職場溝通的誤區

溝通是一把鋒利的雙刃劍，說錯了不應該說的話、表達的個人觀點過於偏激、冒犯了他人的合理性權威、個性過於沉悶猥瑣，都會直接影響著你的職業命運。那麼對於職業女性來說，在職場溝通中到底有什麼樣的誤區呢？

（1）僅憑個人主觀意願想當然來處理問題

有一部分女性由於性格內向，或是太要面子，在工作中碰到各種問題，遇到光憑個人力量不能解決的困難，或是對上司傳達的任務指令一下子明白不過來，這時她們不是去找領導或同事把情況講清楚並進行協商，而是單憑自己個人的主觀意願來理解和處理問題，以致到最後常常錯漏百出。

建議：千萬別想當然地處理自己還不怎麼清楚的問題，要多向有經驗或內行的領導以及同事請教，如此一來就可以減少工作中出現差錯的機率，二來還可以加強與團隊的密切溝通，快速融入團隊之中。

（2）急切地想要突出表現自己

常說初生牛犢不畏虎，剛走上工作崗位的新人，大都急不可耐地想要把自己的創新想法說出來，渴盼著得到大家的刮目相看，獲得認可和讚賞。可事實上，你的想法通常難免有很多漏洞或者脫離實際之處，急於求成反而會導致他人對你的反感和厭

惡。

建議：作為一名新手，剛到一個陌生的環境中，無論你有多麼宏大的理想抱負，也應懷著學習成長的心態，很多時候「多做事少說話」，總是一個很好的辦法。

（3）不懂得注意場合，方式失當

上司正帶領著重量級客戶參觀公司，而你卻氣勢洶洶地跑過去盤問自己的「事」，上司一定會覺得你這個人「拎不清」；開會的時候你總是悶著不吭一聲，可散會之後卻不禁對會議上決定的事情絮絮叨叨地發表觀點，這當然會不可避免地引起他人對你非常反感……不懂得注意場合、方式失當的溝通，難逃失敗的結局。

建議：你在溝通中要學會察言觀色，懂得在合適的場合、用適當的方式來表達個人的觀點，或與他人商討如何解決各種有關工作中的問題。

與同事溝通要講究方法

同事之間，畢竟存在個人性格、職位性質特徵、工作側重點的差別，日常發生各種小矛盾難以避免。那麼在工作中怎樣才能使溝通變得更加順暢有效呢？

同事之間存在利益方面的衝突，會讓溝通變得更為複雜，每當這種時候，要盡可能將問題轉變得簡單一些。溝通時，最關鍵的依然是搞清楚你們雙方角色的關係，是純粹的同事還是朋友的關係。尤其是利益上有明顯衝突的雙方在溝通時，通常總會爭著表達自己的意思，而把對方的意思忽略掉。因此在你過多地關注自己的利益，可對方卻對你沒有什麼感覺之時，溝通進程就無法

繼續下去。應該看到，既然利益是雙方共同的關注點，那麼在溝通的時候，如果你能自覺考慮到對方的利益所在，則溝通自然可以變得順暢起來。

（1）以大局為重，多補台不拆台

　　對於同事的缺點，假如平常工作時間不肯當面指出，但一跟外單位人員接觸交談時，卻很容易失控而對同事大加品頭論足、挑他們的種種毛病，甚至還惡意攻擊，這樣便影響同事的外在形象，時間長了，對自身形象也一樣不利。要意識到，同事之間因為工作關係而匯集在一起，就應該有最起碼的集體意識，以大局為重，自覺維護著已經形成的利益共同體。尤其是在與外單位人員進行交際時，頭腦中要存有「團隊形象」的觀念，多補台不拆台，不要只為個人小利而損害了集體大利，努力做到「家醜不外揚」。

（2）對待分歧，要求大同存小異

　　同事之間因為經歷、立場等方面的不同，對同一個問題，常常會產生差異極大的看法，以致引發不同程度的爭論，稍不小心，就容易傷了同事之間的和氣。所以跟同事發生意見分歧時，第一是不能過分爭論是非對錯。從客觀上看，每一個人接受一種新觀點都需要一個過程，從主觀上來說，人時常都有「好面子」、「好爭強鬥勝」的心理，當同事之間誰也不服誰，這時若是過分爭論，就非常容易激化矛盾而不利於整體團結；第二是不要一味「以和為貴」、事事都講求一團和氣，哪怕涉及原則問題也不堅持、不爭論，而是隨波逐流，刻意掩蓋矛盾。這就會走向另一個極端，也同樣會不利於團體事業的發展。面對問題，尤其是存在較大分歧時，要努力尋找共同點，爭取求大同存小異。即

使確實不能求得一致時，也不妨冷處理，明確表達「我難以同意你們的觀點，我保留我的意見」，使爭論逐漸淡化，同時又保持自己的立場和態度。

（3）對待升遷、功利，要持平常心，不要嫉妒他人

部分同事平日裏待人異常和氣，可當遇到利益之爭，就很「不客氣」地當「利」不讓。或在背後散佈流言，或嫉妒心大為發作，說一些詆毀他人的風涼話。如此既不光明正大，又於己於人都產生負面作用，所以對待升遷、功利要始終持有一顆平常心。

（4）跟同事交往時，要保持適當距離

在一個單位裏，要是少數幾個人交往過於頻密，極易給人造成有意拉小圈子的印象，極易讓別的同事產生猜疑心理，更使一些心理不太健康的人，產生「是不是他們又在談論別人是非」的消極想法。所以在跟上司、同事交往時，要注意保持適當距離，防止捲入小圈子。

（5）產生矛盾時，要寬容忍讓，勇於道歉

同事之間難免時常發生一些磕磕碰碰，假如不能及時得到妥善處理，就會逐漸累積蔓延而形成大矛盾。俗話說，冤家宜解不宜結。在跟同事有矛盾衝突時，要勇於主動忍讓，從自身方面尋找原因，設身處地從對方的角度多為對方想想，防止矛盾激化。假如已經形成矛盾，自己又的確有錯誤，就要放下面子，勇於道歉，以誠心換誠心，實現和好。退一步海闊天空，只要有一方勇於主動打破僵局，就會發現原來彼此之間並沒有任何化解不了的隔閡。

（6）發生矛盾時，要理智妥善地解決

要解決好存有矛盾的同事之間的溝通問題，其中溝通雙方的細節問題也很關鍵。對於心理有缺陷的人，如果他能夠有意識地加以改變自己的缺陷，這當然是最好的。在與這樣的人進行溝通時，首先要瞭解對方存在的這個缺陷。原因是當溝通不暢時，心理有缺陷的人，很容易形成對某件事有成見而存在不滿的情緒，即使不在此事上表現出來，也會在其他事情上表現出來。這主要是由於在溝通的時候，溝通雙方缺乏一種直接而坦誠的溝通方式。倘若有同事與這樣的人發生的矛盾，已經到了明顯影響工作的境地，應該找一個具體而恰當的時間和場合，與這個人進行面對面直接且真誠的溝通，把彼此真實的內心想法都直接坦率說出來，看對方的反應是什麼，他到底需要你怎麼做，才可以滿意。倘若你選擇摔書本或摔杯子的間接方式，十分容易令對方產生較大誤解。

溝通過程包含了很多要素，其中情緒控制問題是最重要的一點，假使能在溝通前，把想要表達的意思，先在腦子裏過一遍，常常會更保險許多。人通常在遇到不公平待遇的時候，情緒受到較大刺激，就很難保持冷靜的心態去進行溝通。若一個人處於情緒激動的狀態之下，此時他的智商幾乎等於零。假如你是一個情緒波動起伏很大的人，在跟別人說話時，可以試著採用一些強制手段，比如數數，開口念 1、2、3、4、5 等類似這樣的方式，以便調整和紓緩心情，為理智反應爭取到時間。用專業的話來說就是一旦人們遇到溝通障礙時，情緒的反應速度會比理智的反應要快。

跳出和上司溝通的誤區

在辦公室工作幾年，積累了一定的資歷，職位也越升越高，和老闆交談的時間自然越來越多。已不再是當初入門時見了老闆一低頭就走過去的職場新人，然而你仍然時時躊躇：該不該拍上司馬屁？或者要不要給老闆提忠告？是該事無鉅細都一一進行彙報，還是自己努力做好工作只彙報成果？當遇到辦公室爭權戲上演時，你是要把忠心和盤托出，還是打打太極柔道，做一棵兩可皆宜的牆頭草？

並非跟老闆說笑越多就越好，也不是悶頭工作就是出色員工，溝通四大誤區，假如碰到，不妨繞行。

誤區一：溝通的形式大於內容

小靈與阿麥條件相近，但性格迥異，小靈更注重內在自我修煉，不怎麼關注外界看法，阿麥則是見什麼人都打得火熱，人稱溝通行家。上司更喜歡哪一個呢？

阿麥！對，他很受上司歡迎，由於他非常注重別人的看法，對每個人都要留下好人緣，對待自己的上司，更是極力迎合，務必使他舒服熨貼，對比起來，小靈這樣一個直言無忌、我行我素的人，就應該率先遭到淘汰。

那麼過了大半年，阿麥得到升遷重用了嗎？沒有！相反，老闆毫不客氣地把他開除了，理由是工資不是付給一個對什麼人都唯唯諾諾、百般討好他人的人，像阿麥這樣的人，或許適合到服務行業發展吧。

TIPS

上司是和你有最根本、最直接利益關係的人，因此你在和他溝通時，一定要多做權衡。實際上，一味過多地拍馬屁和極力圖口舌之快的個人主義者，絕大多數老闆都不喜歡，理性的管理者對溝通最在意的是：效果！

固然，他很喜歡你誇他是運動高手，然而他更希望聽到你將附近幾個健身場館的情況彙報得再清楚全面一點，對於這些，感覺並不能起到決定作用。

你跟上司溝通的目的，是為了解決實際問題，而不是要取悅你自己，或者他，因此任何時候都不要讓溝通的形式大於內容。

誤區二：對老闆進言

阿 MAY 到目前的崗位工作整一年，耳朵裏早已經灌滿了太多有關老闆的閒話，她的上司是一名高級總監，直接管轄數十個部門，一貫雷厲風行的作風招來眾人如潮的非議，阿 MAY 很想把這些情況反映給老闆，也想勸她在管理方式上應稍微柔和一些，可又擔心身為行政助理還不夠分量，弄不好被老闆誤會成自己是愛傳閒話的小人。那麼她是該說或是不該說呢？

該說！是的，作為下屬，確實有必要也有責任給自己的上司提出有針對性和建設性的意見，這同時也是領導所期望聽到的，有見識的人才有發展前途，太安於現狀，或者過於害怕而不敢說，這是碌碌庸才的懦弱行為。

於是阿 MAY 找準了一個下午工作的空檔時間，和上司談了自己的看法，邊喝咖啡邊閱讀報告的上司，一開始是心不在焉，接著便皺起了濃濃的眉頭……最後說：好了，你可以出去了，我也給你提個忠告：辦公室不是散佈流言蜚語的地方。

TIPS

給上司進言需要非常大的勇氣，更需要運用恰到好處的技巧。既然已經知道她的脾氣屬於硬朗型的了，就很不宜一本正經或公事公辦地跟她說某某事您做得不對，某某人背後對您不滿。其實如果你提出一個下午茶邀請，更能放鬆她的精神，也更便於進諫。忠言難免會逆耳，要選擇非常合適的時間、地點以及環境氣氛，才能有效提高溝通成功的把握。

誤區三：辦公室裏的站隊

在這家等級森嚴、薪水豐厚的跨國投資銀行裏，所有人心裏都明白伊莎貝兒是部門經理 TONY 的嫡系。

他們兩人畢業於同一名校，TONY 是她最可信的大學長，伊莎貝兒十分感激他對她的悉心照顧，兩年中公司內部晉級，伊莎貝兒都幸運獲得升級，由於他的信任，她也看到他偏好弄權以及不動聲色地設置好幾個陷阱給部門副理的手段。內部混亂導致運營效率低下，團隊裏頻頻出事，自然是部門經理首先遭殃。然而總經理卻單獨召見伊莎貝兒，要親自問問她對工作中所發生問題的看法和意見。

總經理直言不諱地說：我清楚 TONY 是你的學長，所以我

更希望你能客觀公平地講述事實。

　　伊莎貝兒沒有絲毫猶豫，詳盡如實地將 TONY 所玩弄的把戲和盤托出，之後還補一句：這些事情原本就與我的做人原則相背，只是我一直難以找到合適的機會跟您溝通。

　　兩個月後，伊莎貝兒被下調到後勤部門去管雜務，TONY 辦理完辭職手續後特地去看她，對她冷笑說：「你難道以為出賣了我就可以升官發財？等著瞧吧。」

TIPS

　　一方面，老闆覺得你說出了事實；另一方面，他又覺得你是他的心腹，平時他很照顧你，傾力提拔你，可這種時候你竟然落井下石，你這人的品質⋯⋯

　　碰到類似情況，一種選擇是態度模稜兩可，避開是非，其前提是自己完全沒有參與他任何的弄權手段，僅僅是聽說，那就不足以作為證據提供；另一種選擇是和老闆先說清楚：站在公司的立場上，我認為某人某事有些問題；站在我個人的角度，這些話是我不願意說的。而且只是就事論事，絕不針對個人發表什麼帶有情緒性的評價、總結。

　　說到底，在辦公室甘願成為某人嫡系不是一個明智做法，不管該人在老闆那裏多麼炙手可熱。

誤區四：不輕易挑戰自己的極限

　　COCO 那一組是全公司著名的雷電先鋒，一切搞不定的難事派到她那裏，老闆總是鐵定的放心：「COCO 啊，這個全靠你

了。」可實際上，缺乏人手，設備難以到位，資金預算壓到很低很低的限度，動不動還有新的任務壓上身來，COCO 看著老闆滿是期待的眼神，想說什麼又止住。所有難辦的事情只有自己一人奮力解決，還得顧著安撫下屬的抱怨情緒：憑什麼隔壁部門那麼清閒，憑什麼我們成天累得要死還沒獎勵？

最後結局是 COCO 在老闆面前痛哭一場：「我再也做不下去了，過去這一年我快發瘋了。」

老闆意外驚詫地看著失態的她：「COCO，我從來對你抱有很大期望，始終覺得你很職業，你大有潛力可挖」……從此，老闆在心裏會覺得她的抗壓能力很脆弱，而且她不適合擔負更大重任。

TIPS

通常來說，老闆都很喜愛積極向自己彙報工作的員工，更器重那些不訴苦能承受工作壓力的員工，這就導致兩種情況：活潑機靈，學會訴苦的職員，老闆會更容易覺得他能力有限，因而對他們做出相對靈活的工作安排；對於後一種員工，老闆會覺得你是能者多勞，將更多難以完成的任務派給你。

及時、準確、有效的溝通十分必要，將自己面臨的困難和需要老闆協助才能做好的工作具體列出，這並不等於表示你能力不夠，而是為了更好地把工作做好。要不然，個人的能力儘管被發揮到極限，情緒和體力上的壓力也達到極點，可一旦被觸發，很可能會造成可怕的精神崩潰——這絕對會影響到你長久、持續性的職業之道。

　　而作為老闆，他一個人坐在獨立辦公室裏，實際上也很想瞭解你的工作進度，特別當他將一件非常重要工作或團隊交給你時，他需要根據你的彙報來把握工作宏觀大局的即時進程。只是你一定要確保自己的彙報是準確、有效的，千萬要避免囉嗦、情緒化的牢騷。

職場溝通必備八個黃金句型

1. 句型：我們好像碰到了一些情況。
   妙處：以最婉約的方式傳遞不好的消息。
2. 句型：我馬上去做。
   妙處：上司會因此覺得你是名有效率的好員工。
3. 句型：某某的辦法真不錯。
   妙處：體現出團隊精神。
4. 句型：這個報告缺了你就不行啦！
   妙處：說服同事願意幫你忙。
5. 句型：讓我再仔細地想一想，四點半以前給你答覆怎麼樣？
   妙處：巧妙避開你沒把握或不願意參與的事。
6. 句型：我很想知道你對某個方案的見解。
   妙處：不露痕跡地討好。
7. 句型：是我一時沒能明察，好在……
   妙處：承認疏失又避免上司明顯不滿。
8. 句型：謝謝你告訴我，我會認真參考你的建議。
   妙處：對待他人批評表現出冷靜。

做個令人賞識的女上司

要讓他人尊重自己，自己必須首先尊重他人，這是所有聰明人都懂得的道理。身為領導，你想要下屬看重你，你就必須先要看重你的下屬。一名女性領導者，唯有使下屬樂於接納自己，願意尊重靠近，包括接受自己的情感、態度和觀點，心悅誠服地信從自己的指導，才可以使工作得以順利進行。

下屬越是積極努力工作，你的工作績效也就越加顯著，也就越容易獲得職業生涯的成功。假如你想要做出優異的成績，並因此而取得晉升，那麼取得下屬的支持和幫助，必定是一種好策略。

對於女性領導者，尤其是那些新任的女性領導者來說，要讓下屬樂意接納自己，不妨儘量將如下幾方面做好。

（1）找機會多與下屬溝通

要想讓他人信任並且尊重自己，你就一定要先讓他人瞭解自己。而讓他人瞭解自己最簡單、最直接、最有效的做法，就是和他們進行溝通。所以領導者一定要經常跟下屬溝通情感、溝通對事物的態度和看法。真誠與坦率是溝通獲得好效果的基礎或前提，要使你的下屬感受到你真誠的態度，使他們感覺到你是真心地樂意跟他們交朋友。

在下屬總體上接納了你的為人之後，要恰當地向他們展示自己的知識、才能，讓他們真心地欽佩自己，從而更願意信服自己的領導。

（2）尊重和維護下屬的人格尊嚴

身為領導，各種人都有可能碰到，在你的團隊中會有許許多多不同類型的人，積極進取的、消極依賴的、順從聽話的、抵制

抗拒的、能力出眾的、水準一般的等等。可是應該知道，不管他是什麼樣的人，不管他來自什麼地域、什麼樣的家庭背景、什麼樣的教育程度以及什麼樣的個人習慣等等，他們總有著自己獨立的人格和尊嚴，對於這一點，你一定要給予無條件的尊重。就算是由於工作上的失誤而批評他們時，也要在尊重對方人格和尊嚴的前提下進行，做到對事不對人。

（3）懂得在不同的場合扮演不同的角色

我們所有人在一生中都要扮演很多不同的角色，比如女兒的角色、學生的角色、員工的角色、領導的角色、妻子的角色、朋友的角色、母親的角色等等。而任何一個角色都有其特定的環境和場合。假如角色和場合不相稱，就會帶來很多不利影響。適當強化自己不同的角色意識。正式場合下要「像個領導」，辦事果斷幹練、責任心強、思路明確清晰、目光深遠獨到、顧全大局、堅持原則；非正式場合下要「像個群眾」，隨和親切、沒有官架子、不打官腔、耐心傾聽、靈活處事。能把工作和生活嚴格區別開來，是領導者的一項重要基本功，也是領導者的言行給人以美感的客觀需要。倘若不是這樣，領導者在領導行為中帶有更大的隨意，就會使人們覺得領導者視工作為兒戲；在生活中帶有領導活動的嚴肅認真，就會使人們感到領導者故意擺譜，令人厭煩。

（4）注意多發現、表揚和肯定下屬的優點

寸有所長，尺有所短。任何人都有自己的優點和缺點，有的缺點是可以改變的；然而有的缺點是跟個人的性格、家庭環境、成長經歷，還有所遭遇過的特殊事件等有密切關聯，短時間內改變起來很難。因此我們要更多地關注他們的優點。所有人最欣賞的就是自己的優點，我們的事業、我們的工作，最需要的也是最

大限度地發揚每個人身上的優點。多發現他人的優點，善於發掘他人的優點，並真誠地讚揚他人的優點，對一名領導者來說，有時可能是違心的，有時很可能會覺得沒時間顧及，可是這不光會使你錯過許多幫助下屬揚長避短的機會，同時還會無意中拉大領導者和群眾之間的隔閡。優秀的領導者很會用讚揚給人以成功的喜悅，用讚揚消除下屬艱苦勞動後的疲憊感，用讚揚引導人們對成敗得失的深刻反思，從而靠讚揚來樹立和鞏固起自己的威信，使他人樂於接納自己。

裝飾好你的溝通語言

一個人身處職場，語言是十分關鍵的溝通技巧，假如你言語得體，你會獲得他人的好感，贏得大多數人對你的喜愛；否則你的職場就必然充滿灰色調，工作和生活都無法體會到快樂的陽光。

通常說來，一個人在跟自己同等級、同層次的人說話時，表現比較正常，行為舉止都會顯得自然、大方。然而在跟比自己地位高的人交談時，就很可能覺得非常緊張，表現出拘謹，並且自卑感強；反之，在跟社會地位低於自己的人說話時，就會表現得自如、自信，甚至可能有些放肆。

例如，一部分人在自己的上級面前始終不敢「妄言」，在同一科室裏也很少說話，但是在自己的下級或所管班組面前說話時，就會從容大方，口若懸河。有些人則在普通人面前總是擺出一副高高在上的強者的架勢，然而一見到權威就變得極其馴服和虔誠。

所以上下級之間的談話，上級要儘量避免採用自鳴得意、命令、訓斥、使役下級的口吻說話，而是要放下架子，以親切隨和

的方式對待下級。如此下級才肯向你敞開心扉。談話是雙向的活動，唯有感情上真正貫通，才談得上資訊的交流。

平等的態度除了談話本身的內容之外，還通過語氣、語調、表情、動作等全面展現出來。因此，不可認為是小節，純屬個人的習慣，不至於影響和他人的談話。事實上，這常常關係到同事是否敢向你靠近。另外在跟他人溝通時，要充分發揮好開場白的作用。不妨跟對方先拉幾句家常，使彼此感情更加接近，消除拘束感。

在你跟下級說話時，避免作否定的表態：「你們這是怎麼搞的？」「有你們這樣做工作的嗎？」這些話會使對方產生壓抑感，而且會對你採取敬而遠之的迴避方式，這對你搞好同事之間的關係十分不利，也會對你開展工作造成負面的影響與阻力。

當有必要發表評論時，要善於掌握分寸。點個頭、搖個頭都會被人當成是你的「指示」，而被下屬貫徹下去，因此輕率的表態或過於絕對的評價，都容易引發失誤。

譬如一位下級向你彙報工作發展計畫時，作為領導，你只宜提出一些方向性的問題，或說幾句一般性的鼓勵話語：「這種思路很好，可以多請一些人發表意見。」「你們將來有了結果，希望能夠及時告訴我。」這樣的評論不涉及具體問題，留有餘地。

若你發現下屬的發展計畫中有不妥之處，也不宜直截了當地指出來，你應選擇使對方更容易接受的措辭語言，表達更為謹慎，儘量採取勸告或建議性的言詞：「這個問題還有沒有別的看法，比如……」「當然，這是我個人的意見，你們可以參考。」「建議你們看看最近的一份資料，看看能不能得到新的啟發？」這些話，起到一種啟發作用，主動權依然在下級手中，對方更樂意接受。

如果你向上一級主管部門領導彙報工作，那麼要防止採用過於膽小、拘謹、謙恭、服從，甚至唯唯諾諾的態度講話，要改變誠惶誠恐的心理狀態，表現出活潑、大膽和自信。跟公司領導談話，成功與否，不僅影響上級對你的觀感，有些時候甚至會事關你的工作和前途。

在跟領導交談時，要尊重，要慎重，然而不可一味附和。猛拍馬屁，只會有損於自己的人格，卻沒能得到重視和尊敬，反而極有可能引起領導的反感和輕視。

在保持獨立人格的前提下，你要持有不卑不亢的態度。在一些必要的場合，你也不用害怕表達自己的不同觀點，只要你從工作需要出發，擺事實，講道理，領導通常是會予以考慮的。

還需要掌握好領導的個性。上級誠然是領導，可他首先是一個人。作為一個人，他自有他的性格、愛好，也自有他的語言習慣。比如有的領導性格爽快、乾脆，有的領導則寡言少語，事事再三思考，你一定要瞭解清楚，別以為這是不光彩的「迎合」，這正是切實運用心理學的一種學問。

此外，和領導談話還要選擇好時機。領導每天要考慮的問題很多。因此如果是個人瑣事，就不宜在他正全力埋頭處理大事時去打擾他。你要依據自己的問題重要與否，去選擇適當時機進行反映。

身為女人，本來就具有一種語言的優勢，因此說在處理人際關係上，女人只要把自己的語言包裝成功，就會在職場上遊刃有餘，不但可以建立良好的人緣，還可以給自己將來的事業奠定堅實的基礎。

讚美他人成就自己

從心理學角度看，讚美是一種很有效的交際技巧，它有效地縮短人與人之間的心理距離。渴望獲得讚美是人類最基本的天性。既然渴望獲得讚美是人類的一種天性，那麼我們在生活中，就有必要學習和掌握好這一人生智慧。現實生活中，有許許多多的人不習慣讚美他人，因為不善於讚美別人或得不到他人的讚美，從而使自己的生活缺乏很多美好愉快的情緒體驗。

沉悶的辦公室，滿是文件和繁雜的公務，不知不覺中就會使人變得喪失熱情；當工作壓力越來越大，人就會變得煩躁焦慮，經常聯想起一些不愉快的事情，對可以做好的簡單工作也會感到複雜和難度大增！這種時候內心就會湧起一種渴望：渴望得到讚美和關心！

有一位好朋友告訴我他教育兒子學習鋼琴的事：在兒子八歲的時候，我的這位朋友給他買了一架鋼琴，但是小男孩太頑皮好動，不好好學習彈鋼琴，朋友的妻子常常為此訓斥他，然而一點也不起作用。於是朋友便開始想辦法如何讓孩子喜歡彈鋼琴。有一天下午，當孩子為了應付父母，隨便彈一段曲子之後正要溜時，朋友叫住他說，「兒子呀，你彈的是什麼曲子，怎麼這樣好聽，爸爸從來沒有聽到過這麼美妙的音樂，你再給爸爸彈一遍吧。」孩子聽了非常高興，愉快地又彈了一遍。朋友又鼓勵他彈了一些其他曲子，並告訴兒子自己喜歡聽他彈的曲子，問他可不可以每天都彈一些，兒子很高興地就答應了下來。最後只用了一個多月，便培養起了孩子彈鋼琴的興趣。而今，每天放學回家，孩子第一件事就是要彈鋼琴，天天如此，雷打不動。說起這件事，朋友頗為自豪。

通過這件事，我受到一個啟示，也就是自己深深的體會：成

功的靈丹妙藥就是鼓勵和讚美。尤其是在商業競爭與職場競爭近乎白熱化的今天，假如你是企業的管理者，你一定要學會運用讚美來激勵員工，特別是管理有文化、有知識、有思想的員工。假如你能發自內心深處地讚美他們，你會發現這個方法強過任何複雜的管理理論。對他人的欣賞是回饋給對方的獎勵；讚美是對他人關愛的表達，是人際關係中一種良好互動的過程，是人與人之間相互關愛的顯現，恰當運用好你的讚美，你的管理水準必定上升一個臺階。

鼓勵、讚賞和肯定，可以使一個人巨大的潛能得到最大程度的發揮。上司對下屬，不必期望太高，看到對方的每一點進步，應及時予以鼓勵和肯定，每次小小的進步，都會使他們增添幾分成就感，激勵著他們向前衝刺奮發。

富蘭·塔肯頓是一支橄欖球隊指揮反攻的四分衛。一次，他參加一場要求他攔阻衝勢迅猛的擒抱員的重要比賽。

這個隊的四分衛幾乎從不進行什麼攔阻。他們的重要性經常由防衛者決定，因為這樣的攔阻，常常導致他們身體受傷。可是這個隊比分落後了，需要創造一次出其不意的得分機會。這時塔肯頓上場實施攔阻，跑壘者順利得到一個底線得分，使塔肯頓所在的球隊贏得了這場比賽。

第二天，隊友們觀看比賽錄影時，塔肯頓希望他所獲得的成績能夠得到大家的熱心嘉許。可惜，他一直沒有得到什麼人的讚揚。看完錄影之後，塔肯頓走近教練巴迪·格蘭特，問道：「教練，你看到了我的攔阻是不是？你怎麼會對它一點看法都沒有？」

格蘭特回答道：「我確實看到了這次攔阻。妙極了，富蘭，在那兒你總是幹得很賣力。我想我不必特意告訴你的。」

「噢，」塔肯頓回答道：「假如你再想讓我去攔阻的話，你該這麼做！」

由此可見，人是不能缺少被人稱讚的。

心理學家說，男人在外面世界與工作中尋求肯定，女人走出家庭拋頭露面為了悅人。身邊太多的事實告訴我們，與人相處過程中，假如我們對別人表示有信心，對方真的也相信自己能做得到，那麼一定會找到辦法來完成我們指定的目標，這就是讚美的力量。

外國現代熱門歌曲作曲家史提夫・摩利斯少年時眼睛不好。一次學校實驗室的老鼠從籠裏逃了出來，老師和同學找來找去找不到，史提夫・摩利斯叫大家靜一靜之後，給老師指出了老鼠藏躲的地方。老師由此發現他聽聲辨位的敏銳聽力與音覺，大加讚賞，並鼓勵他發揮獨特的優勢，主攻歌唱。這位老師對史提夫的認可，立刻開啟了他嶄新的人生：一九七〇年起，史提夫・摩利斯便以「史提夫・汪達（Steve Wonda）」之名揚名全世界，成為頂尖的熱門歌曲歌星與作曲家。

因此說，要是你想成為一名風光職場的女人，你一定要對你的下屬或員工多加讚美。俗話說，「士為知己者死」啊！古代的荊軻受到燕太子丹賞識，明明知道將死，也很樂於為他刺殺秦王。現代企業中，只因老闆一句「公司發展不能沒有你」之類的讚語，不知造就了多少現代版的荊軻，願為老闆赴湯蹈火的驚人傳奇。已卸任的福特汽車公司總裁皮特森就有習慣每天寫紙條稱讚員工的做法。他說：「作為管理者，每天最重要的十分鐘，就是你花在鼓勵員工方面的時間。」員工的潛能得到充分發揮了，團體的事業就必定更加成功。讚美員工可以提高員工的積極性，增強員工的自信心。每個人的成長、成功，都需要讚美，讚美就是給

員工機會鍛鍊以及證明自己的實力。在員工每一天的工作、生活中，一個溫暖的言行，一束期待的目光，一句激勵的評語，都會極大地激發員工的上進心，甚至可能會改變一個員工對工作、對人生的態度。在讚美的作用下，員工能夠更加清楚地認識到自己的潛力，不斷發展出各種新能力，為你的企業創造更好的效益。

怎樣讚美他人，也是講究原則的，不得當的讚美反而會引起他人的不快與誤解，所以在你準備去讚美他人時，一定要遵循以下的原則：

1.要有真實的情感體驗。這種情感體驗包括對對方的情感感受和自己的真實情感體驗，要有發自內心的真情實感，這樣的讚美才不會給人虛假和牽強的感覺。帶有情感體驗的讚美，不僅能體現人際交往中良好的互動關係，還能表達出自己內心的暢美感受，對方也能夠感受到你對他真切的關懷！

2.要符合當時的特定場景。通常在此情此景之時，只需說一句就夠了。

3.用詞要得當。關注對方的身心狀態是很重要的一個過程，假如對方恰逢情緒極度低落，或者有其他很不開心的事情，過分的讚美就會讓對方感覺不真實，因此必定要注重對方的真實感受。

4.「憑你自己的感覺」是一個好方法，人人都有靈敏的感覺，也能同時感受到對方的感覺。要相信自己的感覺，恰當地把這種感覺運用在讚美中。假如我們既瞭解自己的內心世界，又懂得經常去讚美他人，那麼我們的人際交往一定會越來越順暢和美。

Chapter 3

你來挑戰男人：
女人的成功優勢

　　任何普普通通的女人，絕不是缺乏潛能，而是不相信自己有潛能，經受一兩次挫折，就總是懷疑自己不夠聰明，反覆強化"自己是女人，沒有男人聰明"的意念。時間久了，認為自己不如男人的想法越來越固化，形成思維慣性，一事當前首先就認為自己做不好，潛能當然被埋沒了。

你有男人沒有的成功優勢

不管是男人還是女人，都蘊藏著巨大的潛能。令人遺憾的是許多女人卻不相信自己跟男人一樣擁有巨大潛能，這是眾多女人思維上固有的最大誤區。而每一個事業有成的女人，她們一個顯著的共同點，就是不斷積極挖掘自己的潛能。

反之，任何普普通通的女人，絕不是缺乏潛能，而是不相信自己有潛能，經受一兩次挫折，就總是懷疑自己不夠聰明，反覆強化「自己是女人，沒有男人聰明」的意念。時間久了，認為自己不如男人的想法越來越固化，形成思維慣性，一事當前首先就認為自己做不好，潛能當然被埋沒了。

一隻兇猛的鱷魚，把一個孩子咬到了張大的嘴巴裏。孩子的母親在頃刻間，忘掉了一切，一把抓住鱷魚的嘴，大吼一聲：「孩子快跑出來吧！」巨大的聲音和突如其來的超常力量，使鱷魚在震驚中猛然張開嘴，孩子得救了。一位柔弱的婦女，為了挽救自己的親生骨肉，在關鍵時刻竟然可以產生如此不可思議的神奇力量——這就是驚天地、泣鬼神的潛能！

人的潛能彷彿地下的煤礦、油礦，假如自己不相信地下有礦，只是著眼於砍伐淺淺地表的柴草，必定會感到資源貧乏，柴草越砍越枯竭。倘若堅信自己大腦深處隱潛著巨大的資源，並立足於往深處大力開採，那一定會有無限豐富的潛能滾滾湧來的感覺。

所有的人都應該堅信自己有巨大的潛能，任何人都確實有無比巨大的潛能。

可以說在這個世界上，我們每一個人都具有超強的非凡能力，我們能夠獲得的成就永遠超出我們的想像。因此任何時候都不要看低自己的能力。不少人自認為女人天生能力比男人弱，其

實根本不是這樣。在過去的幾十年時間裏，科學研究已涉足探討女人優勢的領域。所有女人都能夠證明自己在某些事情或領域裏比男人強。

（1）語言能力比男人強

美國加州大學心理學教授哈爾彭的研究表明，從總體來看，女人在語言應用的各方面都比男人強。這種語言應用的性別差異，在早期表現為女孩會說話比男孩早，使用辭彙量比男孩更多，且會組成更為複雜和靈巧多變的語句。美國國家統計資料，說明女人在閱讀和寫作辭彙上的優勢可持續到成年。一部分研究人員還發現，女人在學習外語方面比男人接受速度更快，也更為靈巧和熟練。

（2）手腳靈活

美國西恩塔里奧大學心理學家凱莫拉說，女人在從事精細手工工作方面遠遠勝過男人。在包括木樁板測試（要求盡可能快地把許多小木樁分別插入許多小孔中）在內的一系列涉及速度、精確與小動作的研究中，女人都是明顯強於男人。

（3）感覺靈敏

美國賓州大學嗅覺和味覺研究中心的理查‧多蒂的一項專題研究表明，女人的嗅覺和味覺均明顯地比男人更為靈敏。女人可以發現並辨別更淡弱的氣味。女人的聽覺靈敏度也超過男人。女人的聽覺隨年齡增加而減退的速度大大慢於男人。

（4）社會交際能力比男人強

波士頓東北大學心理學教授米加斯‧海爾證實，女人比男人更善於微笑、直視對方或與別人更近地坐在一塊或站在一起。對

公眾聚會錄影帶進行的二十次研究表明，以上各方面的差別極為明顯。女醫生絕大多數都比男醫生更擅長微笑應診。女人通常較少打斷別人的談話，且更易於對別人的笑話和幽默表現出讚許或愉悅。女人在交往中，就算與對方持有不同看法，也會委婉、恰當地表達自己的異議。女人的面部表情變化也比男人更生動豐富，更具有表現力。

女人原本就不比男人差，只是由於過去固有的陳腐觀念，使太多的女人傾向於認為自己的能力不如男人。

大陸格力空調老闆董明珠認為，自己在職場上的成功跟能力有關，其中女人特有的細膩，讓她在解決問題時更具有針對性，更容易快速準確地解決難題。她認為，這應該算是女人所天生具有的強項。

此外，這種細膩還能夠幫助她時常發現一些男同事容易忽略的問題。因此她認為，女人倘若具有了一定的能力，同時再善於運用自己細膩的特性，通常會比男人更容易把工作完成好。

人力資源管理專家指出，現在職場中大多數的白領女士們遇到困難時，不撒嬌，不怯懦，帶著誠實、熱忱、責任心去解決問題。而男人們也已不再時時處處給女士們留情面，男女之間真正表現出一種平等相待的關係。不管在男人或者女人眼裏，她或者他，都是對手、同事、戰友，誰也沒有比誰更有特權，或更有優勢，每一個人都在同一起跑線上爭奪業績，都相信「成者王侯敗者寇」。

在如今以能力論成敗的大環境中，女人千萬不該自認為女人就比男人差，你完全有能力比男人做得更精彩。

職場成功女性的六大特質

女性要想創造突出業績，除了固有的專業能力之外，還需要練就其他多項特質，這樣一來，才更有可能在男性眾多的事業體系中突圍而出。所以時刻學習與培養企圖心和自信心，是對所有女性的首要要求。

職場即戰場。如果你想要得到晉升，與之伴隨的競爭和搏擊就不可免除，此時，你唯一最可依靠的就是自己的堅強意志。切勿常常覺得自己很可憐，裝柔弱或輕易落淚，那只會破壞你堅強的新女性形象，職場中女性如果甘願擺出弱者姿態，就已經註定與晉升絕緣。請你從重建「企圖心」和「自信心」開始，學會正確得當地評估自己，是職業女性走向成功的第一步！

在今天競爭激烈的職場上，女性假如想要獲得成功，很多時候除了一定要比男性付出更多的辛勞之外，據有關專家研究發現，在職場上擔任要職的女性，總是具備不少共同的特徵：

（1）對自己的定位清晰

女性若要在職場上擔任要職，一定是很早就已經懷著「我要在職場闖出一番不凡業績」的決心。她們完全摒棄「等哪一天出現一個白馬王子救我脫離苦海」的天真想法。她們明白，在職場上為自己訂下什麼樣的目標，常常結果就會怎樣。例如為自己訂下「要在幾年內成為主管」的目標，並且有計劃地去實現這個過程中一定要實現的小目標，如此自然會擁有成功的機會。相反，若是一點具體目標也沒有，成功就不會從天而降。

（2）勇於提出要求

千萬別以為你的主管總是很主動地關注你的需求，總會替你設想，替你規劃升遷之路。事實上，一個部門中人數如此之多，

主管無法顧及所有人的需求。假如你有很強的企圖心，最好自己主動向主管提出來。除了直接向主管反映你在工作上發展的期望，還可以用一些別的方式，讓主管察覺到你的強烈企圖心。比如部門開會時，成功女性從早期就已經有意坐在「參與度高」的前段座位上，而且積極地發言，提出有建設性的見解。

（3）敢於踴躍發言

在不少以男性占多數的職場中，女性的意見常常會被淹沒，成為「沒有聲音的人」。女性應該堅信，自己絕對擁有發表意見的權利。成功女性發言之前都有所準備，條理清晰地陳述意見，而且言之有物，自然就能表現出權威感，也較容易在同事中最快凸顯出來。

（4）善於推銷自己

在職場中，自我推銷是一項絕對必要的能力。在眾多同事中，怎樣使老闆發現你的企圖心和專業能力，需要採取一些主動的行為。成功女性哪怕主管不作要求，也自覺定期向主管報告工作進展情況。

此外，在其他同事習慣性地躲著老闆時，她們會自動找老闆攀談，給老闆留下積極、正面的好印象。

（5）懂得邊做邊學

跟男性比較，女性通常容易退縮，對於不曾做過的工作，一般會顯得遲疑不前，因此而錯過不少表現自己的機會。而成功女性總想抓住每一個能夠表現自己的機會。她們懂得，對一件工作就算不能完全馬上知曉，也還是可以邊做邊學的，而且要充滿信心上場接受挑戰。哪怕做錯，也能獲得寶貴的經驗。比如一旦上

司要給你升任主管的機會，有潛力成功的職場女性，絕不會以「我沒當過主管」為理由而退縮。在職場中順勢而為、靈活應變，也是能否早日獲得成功的關鍵因素之一。

（6）要求授權、擔當責任

在職場上，老闆最喜愛的員工是可以放心授權的「將才」，而不是畏縮膽怯、不敢擔起大任的小兵。女性假如能夠「主動」請求上司授權，接手別人不敢做的工作，必定可以得到更多充分表現的機會。譬如你可以勇敢接下大家都感到棘手的專案，通過這些工作的鍛鍊和洗禮，累積難得的職場經歷，並且激發自己的超常潛能。

最後，在職場上真正獲得成功的女性，不會一天到晚都緊繃著一張苦瓜臉。也不會焦躁不安地走來走去，不讓別人有理由批評她「情緒化」。越來越多的職場女性樂意學習職場的政治學，學會怎樣偽裝心情與搏擊。因此無論你多努力、多累、或多生氣……「保持笑臉、放輕鬆」，確實是職場女性一定要掌握的功課。

「野心」是女人成功的基礎

倘若你說一個人有「野心」，那就表明這個人佔有慾很強，似乎要搶走別人的東西似的，他會感到極不高興。從古至今，「野心」在多數情況下都是貶義詞。可在今天，如果一個人具有「野心」，證明他具備常人所沒有的能力，有了「野心」，他就會在生活與工作中充滿激情，才會更有可能先於他人抵達成功的彼岸。

因此我想提醒你的是在你的職場裏，你一定要具備一點「野

心」，它是使你獲得更好生活品質的強大動力，心理專家研究顯示，「野心」是獲得成功的關鍵要素。

「野心」究竟靠什麼建立，為何在對待事業上，有的人充滿「野心」與活力，而有的人卻沒有！

美國加利福尼亞大學的心理學家迪安・斯曼特經研究認為，「野心」是人們行動的初始促推力，人們通過培養「野心」，可以增加力量攫取更多的資源。當然，也一定要承認，「野心」從某種程度上來說，是一個危險的「零和遊戲」：你多占奪了資源，別人所擁有的就減少了。依據這種說法，所有人應該都有「野心」才對。可實際上，不同的人在「野心」方面存在巨大差別。

這些差別引起了人類學家、心理學家和其他學者的極大關注，他們想方設法從家庭出身、社會影響、遺傳以及個體差異上，尋求令人滿意的解答。

從家庭出身來看，出生於窮人家的孩子，要為生存而擔憂，可能與生俱來就伴隨著「野心」，同時也不排除悲觀失望、不思進取者。在富裕家庭長大的孩子，能夠獲得的東西儘管很多，然而也有懶散怠惰、揮霍成性的人。總之，種種研究表明，上層社會人士之所以有很大比例的人擁有「野心」，有錢並非主要原因，家庭影響和父母對孩子成功理念的灌輸，能產生最重大的作用。

在遺傳方面，斯曼特說：「野心很可能是會遺傳的。」這意味著，倘若你的家族一貫很有「野心」，那你有可能天生便具備這種素質。

人的性格也會直接影響「野心」。有的人一直對自己的事業和生活感到不滿，他們總是懷有一種憂患意識，正是這樣的意

識，使他們萌發焦慮感。焦慮及孩童時有被剝奪感的人，容易在生活中努力尋求大量補償而顯得「野心」勃勃。

在對待「野心」這個問題上，怎樣做到既推進事業發展，又不損害他人的利益和自身健康？那就是要保持「野心」適度。

為了做成一番非凡的事業，我們必須要懷有「野心」，對於未來要抱有強烈而良好的憧憬，只要可能，都不妨嘗試，如此才能更好地全面地發展自己。

不管怎麼做也不可能變成現實的夢想，永遠只是夢想。可能的事業、完全可行的事情卻不是夢想，而是切實的「計畫」。夢想、野心、慾望，既然要擁有它們，那就大膽果斷地選擇看似做不到的東西。無論你夢想有多麼大，別人也不適宜說什麼，說不定還真的實現了呢。

假如有一天你對外吐露了原本認為荒唐的野心，有一些人聽完你的話之後牽制你，或者遠離你，那就等於是承認你有做好這件事的能力。以後你就要更堅定地相信自己，堅持行動到底。

麗茲・羅曼・加勒曾經寫過《哈佛女人》，有一段時間，我常常奉勸那些擔心將來怎樣生活的女性閱讀它。這本書於一九八六年出版，書中詳細列舉了足夠多的事例，解釋了為何這麼多人不能出色，為何這麼多人不能成功。

其實，女人的成功跟男人的成功一樣，前提是要具備「野心」，野心就是你所渴望實現的目標。沒有目標，就算你能力超人，也不過是成為他人的賺錢機器。只有明確了目標和野心，你才會一步步向目標邁步前進。

麗茲・羅曼・加勒最初在《華爾街日報》波士頓分局就職，有一天，公司派遣她去紐約工作。這是個絕佳機會，她可以因此承擔更多的責任，完成更多的工作。可是加勒顯得猶豫不決，原

因是她的丈夫在波士頓剛剛成為一名律師，兩個人剛剛在波士頓紮下了根。

當時，報社還從來沒有過女性分局長，加勒最終沒敢接受公司方面的建議。

後來，她如此寫道：「我太害怕冒險，我太害怕失敗，太過擔心婚姻生活出現問題，因此我不是很有野心的人。」

直到決斷的瞬間來到面前，我們仍然不明白自己是個什麼樣的人。唯有在必須做出艱難抉擇的時候，才是我們真正瞭解自己的時候。

加勒做出了自己的決定之後，公司覺得加勒是那種就是給了機會也不敢於接受挑戰的人，而且畏懼變化。站在組織利益的立場上，的確沒有必要為了那些面對機會卻拿不出熱情的職員考慮，畢竟渴望工作的人多得不計其數。

對於加勒來說，儘管這是綜合各種情況之後做出的最合理的選擇，卻使她的事業前景受到了嚴重的打擊：公司對加勒失去了興趣和關注，之後再也沒有這樣的事情發生了。這個世界本來就不輕易賜給人們機會，可是當機會真正到來的時候，卻只有極少數的人能夠抓住，如果不能充分利用，這是極其殘酷的事情。

面對挑戰，一定要勇敢向前。若稍微猶豫不決，機會往往就已經一去不返了。假如由於暫時的困難而逃避，不但這次機會，有時連下次、下下次機會都被斷送。或許人生就是不斷去打開一扇扇新門。我們可以這樣想：你住在一個安樂的房間裏，雖然這個房間不能讓你一切都心滿意足，可是也還算湊合，談不上很幸福，也沒有任何不幸。然而，除了我走進來的那一扇門，還有別的不知道通向哪裡的門。

是不是推門出去，唯有你自己才可以決定這件事。你完全可

以繼續留在你目前所處的房間，這個儘管不是完美但也不算差的房間，當然你也可以自主地推門出去。一旦你推門出去，你就再也回不來了，這就是適合每一個人的遊戲規則。

因此當機會到來時，你一定要記得告訴自己：「只要我下決心去做，我就一定能夠做好。」不過，他人唯有看到我們把事情做得怎麼樣，才能對我們做出評價。出去，還是留下來。不管你做出何種決定，結果都是你將成為什麼樣的人的答案。

「野心」可以促進女人的成功，然而倘若這種「野心」是以挖別人牆腳為前提，或者通過損害他人利益才能實現自己的利益，那就要把這種「野心」放在道德和法律的規定範圍內，學會控制好自己。此外，要對「野心」進行必要的引導，在「零和」環境中，你多佔有一點，他人就少獲得一點，因而「野心」一直以來不受歡迎。而如今飛速發展的社會，為雙贏模式的實現提供了更多的可能性，你的「野心」對於開拓新的利益空間、探索未來領域，有不可替代的巨大作用。

「野心」永無止境，因此要懂得把它調整在一個合適的限度之內，讓它充分發揮對人的積極激勵作用而不損害到他人。假如一個女人在「野心」的極度膨脹下，把自己的私慾建立在他人的痛苦上面，最後的結局也必然是缺乏牢固基礎的成功。因此激發你的「野心」是你邁向成功的內在動力，懂得控制讓你能夠長久地享有成功的喜悅。

你可以比男人做得更好

要做出一番事業，女性不但要比男性具備更大的耐受力，而且更要有面對激烈的競爭和失敗的打擊，堅持到底，永不放棄的精神。事實上，絕大多數女性成功的路，並非通常人們想像的那

樣：沾了性別的好處或是被性別所累。從她們自身的心理角度看，她們反倒幾乎沒有什麼強烈的性別，意識，對自己的性別，她們體現出一種認同，一種順應天然，不事張揚，也不刻意排斥，她們大都依憑自身的能力和努力與男性競爭而獲得成功。不過就整體社會環境來說，不可否認，依然存在著不少阻礙女性發展的不利因素，一個滿懷夢想的女人想要在職場上獲得成功，或者在自己的事業上實現大的發展，她要付出的努力和汗水，常常比男人超出很多。

女人要在職場上取得更好的成績，首先一定要對自己充滿信心，自信是一切事業成功的第一要素，沒有自信，哪怕再簡單的事情都無法做得完美，而有了自信，你就能把許多困難視如平常，你就能把自己的本職工作做得超常出色。

世人皆知，日本人一向有嚴肅苛刻的特性，老闆一瞪眼睛，職員都會嚇得全身發抖，幾乎嚇得沒有什麼思緒去思考如何解決令他生氣的問題。

林小姐在一家日資企業就職，對日本老闆的嚴厲，可以說深有領略。

剛進公司時，她就十分害怕面對老闆，可男同事就不一樣，不管老闆如何凶，他們表面上畢恭畢敬，實質上頭腦裏正迅速地尋找解決問題的方法，他們面部表情不像女同事那樣誠惶誠恐，而是鎮定從容、若有所思，不一會就及時找到了讓老闆大致滿意的解決方案。

「男同事可以不怕老闆，為何我要怕？大不了雙向選擇，憑什麼要唯唯諾諾？」很快，林小姐就把自己訓練得如男同事一般，在精神上不畏懼老闆的火氣，頭腦急速運轉，再也不像以前那樣被老闆嚇成木頭人。

日本老闆對員工的儀表要求也近乎苛刻，服裝整齊得體僅僅是最基本的要求，最難以做到的是他要求員工必須有與外貌所匹配的精神狀態，要昂首挺胸，目光淩厲。

林小姐儘管相信外表是自信的最直接體現，可她曾一度非常苦惱，原因是她不覺得女人如此「目露凶光」有什麼好。然而當她對著鏡子練習，她發現，定定地直視鏡子中的自己時，整個人氣質都改變了。她突然間就領悟，女人在職業場中，常常並不是需要一雙柔情大眼，更需要的是眼神的清澈犀利……後來，每次她跟老闆說話的時候，眼睛都是直視對方的，她語調謙遜平和，可她的眼神告訴老闆：我有足夠的實力做好你委託我的每一件事情。

結果會是怎樣呢？林小姐的向來不苟言笑的日本老闆，居然在公司年會上稱讚她是「自信的女皇」。夠揚眉吐氣吧！

不存在做不好的事情，只有提不高的信心。職場女人完全能夠做得跟男性一樣好，甚至更好，只要你勇於面對一切，敢於自我挑戰。

實際上，在生活中若是刻意去找，任何人都會找到自己抱怨的事情，可作為女人，你要時刻警醒自己，你有男人沒有的優勢，也有男人所不具備的缺點，這一切要求你要自強不息。

所有蔑視困難，敢於向困難挑戰的女人，都是勇敢而又有魅力的女人，哪怕她們身處極度黑暗的世界，也要為自己承擔起責任，她們不甘心過向人乞求的可憐蟲生活，面對困難乃至挫敗，她們始終不絕望，也從不去找任何一文不值的藉口。

女人要謹記：假如你隨波逐流，被動地接受命運的擺佈，缺乏抗爭不幸的巨大勇氣，那麼你終將毫無建樹。

我有一位朋友，目前是一家美資公司的部門經理，一旦你和

她一起交談，你將會被她的幽默風趣和睿智幹練所折服，然而幾年以前，她卻完全是另外一種狀態。

幾年以前，她是一個內向寡言的女子。儘管一直羨慕那些在大會小會上都能口若懸河的男同事們，可她從內心裏總覺得，作為一個女人，如果像男人一樣話多，會很不體面，一定會給人留下好鬥逞強的拙劣印象。因此她總是在一切場合都保持緘默不言。

後來，她感到再如此下去會前途堪憂。職場中人，首先就是個標準的職業人，而不是性別差異上的男人或者女人。職業人掌握主動的話語權實在太重要了。你不妨看看，當今大公司的公關部門、團隊領袖、企業人力資源部、高級管理人員等高薪而又實權在握的職位，幾乎都是男性獨霸著。他們幾乎都擁有一流高超的口才，在一切場合都可以有絕佳並適宜的表現。

另外，她發現跟自己一起畢業的同學，在相同的職員崗位上工作一段時間之後，有的要嘛駐外，有的要嘛升職。在一次月會上，部門經理突然問她有什麼想法？她卻結巴著說自己沒有什麼想法，結果第二天馬上被炒了魷魚。

這件事對她的打擊難以形容，由於她不善於表達，被誤認為對公司的事情漠不關心，被辭退。她儘管委屈，然而她也明白，不是人家沒給她機會發表自己的看法，而是她自己不敢說。當時，她狠狠發誓要像男人那樣大膽地開口講話。

後來她真的做到了。不但做到了，而且在今天就職的這家美國獨資企業，由於她總是能將自己的見解深入淺出地表述出來；由於她的話語幽默風趣，工作能力和個人親和力都得到了極好的表現，因此在企業的中層幹部調整會上，她被破格升任部門經理。

別讓你的性別觀念左右你，在職場上，最根本的並不是性別之分，而是能力的高低之分。你要記住，不論什麼企業的老闆，他首先看中的是你各方面的能力，而不是看你是男性或是女性。你能夠為企業創造更大的效益，你就是優秀的，你就會得到老闆的賞識。明白這一點後，你就該摒棄你的抱怨，把全副身心灌注到你的工作上，如此的話，成功便向你一步步走來了。

發現自我，保持本色

在男性終究強勢的職場上，女人想要打下一片江山，一定要表現得比男性精彩，才可以出人頭地。因為女人一般情況下很少參加男性的社交應酬，很少跟他們一起乾杯狂歡、一起大侃棒球，很少跟他們一起討論海灣局勢，也很少跟他們一起打高爾夫球。

女人想要衝破性別藩籬擔任重要管理職位，則更為不易，畢竟男性大多不願意被女性所領導，因而極力排斥，女性也會由於同性相斥的原理，而不希望自己的頂頭上司也是女性。所以女人如果想要闖出一片天地，學識與能力誠然重要，人際關係和人格魅力則更加重要。

交際能力和人格魅力，和女性事業成功有著極為密切的關係。你需要擅長言詞，具有較強的說服力，善於激勵人，能準確讀懂別人的心思，讓人開開心心地願意幫你做事。交際能力和人格魅力是最難以捉摸的神秘因素，是一種神秘得近乎神奇的事業推進劑。它是一種迷人的氣質和個性魅力，充分施展你的交際能力和人格魅力，能讓他人支援並熱情洋溢地幫助你事業成功，交際能力和人格魅力，能支持你一步一步朝著金字塔的頂峰攀登，成為令人尊敬和矚目的領導者。

　　我們常常能夠看到這樣一種女人，她們本身已經具備了不少優點，然而她們並沒有想過要把自己的優點放大，而是想盡辦法地去研究其他女人身上的優點，渴望把他人的優點全部集中到自己身上，可最後的結果是她們不僅沒能使自己成為「完美無缺」的人，反倒由於去模仿別人，而把自身的優點和優勢也喪失殆盡。其實一個女人只要能夠把自己的優點發揮到極致，就完全可以做出一番美好的事業，假如一味去豔羨別人、仿照別人，最終將會毫無成就。女人要明白，挖掘自我，保持本色，充分利用好自己的優勢是造就事業的根本，那種集一切優點於一身的想法是最不切實際、最荒謬的行為。相對來說，人們之所以這麼苦惱，是由於試圖使自己適應一個並不適合自己的模式。

　　保持自身的本色，就是試著把握自己的個性，發現自己的優點，把自己的獨特個性和優點充分地發揮出來。怎樣保持本色，不妨看下面的例子：

　　有一個小女孩，她歷盡艱辛做夢都想成為一名歌唱家，只可惜她長得很醜，臉很長，嘴很大，牙齒又非常暴露，她第一次在一家夜總會面對眾人公開演唱時，她一直試圖把上嘴唇拉下來以遮蓋住牙齒，期望能表現得好看一些，結果卻適得其反，出盡洋相。

　　就在她自認為註定失敗之時，夜總會裏一個聽過她唱歌的人，覺得她很有天賦，並十分坦率地對她說：「我一直在看著你的表演，並且明白你想掩藏自己，你是不是感覺自己的牙齒長得很難看？」女孩顯得非常窘迫，可那男的依然接著說：「長了暴牙並不是什麼罪過啊！你不必試圖遮掩，請勇敢地張開你的嘴，假如你自己不在乎的話，觀眾也會喜歡的，也許那些你想遮起來的牙齒，還會給你帶來好運呢。」

　　女孩接受了這個忠告，不再刻意去關注自己的牙齒，演唱時，一心只想觀眾，完全投入歌唱，她張大嘴巴，熱情歡快地唱，終於她成為一名娛樂界的明星，很多演員現在都刻意模仿她呢。

　　從根本上說，每一位女人都具有類似這樣或那樣的潛力，所以不該再浪費哪怕一秒鐘，去為自己不是他人這一點而憂慮不已。

　　「你是這個世界上全新的人，以前從來沒有過，從開天闢地到今天，沒有哪個人完全和你一樣，將來直到永遠永遠，也絕不會有另一個人完完全全跟你一樣。」現代遺傳學已揭示了這樣一個秘密，你之所以成為你，是因為你父母親的各二十三對染色體在一起相互作用的結果，四十六對染色體融會交合在一起，決定了你的遺傳基因，每一條染色體裏可能具有幾十個到幾百個遺傳因子，在一定情況下，每個遺傳因子都能改變。你應該為自己是世界上一個獨特的人而慶幸，應該充分利用上天賦予你的一切，從某種意義上說，任何的事情都帶有一些自傳體的性質，你唯一可能做的是一個由自己的經驗、環境以及家庭所造就的你；不管好壞，都一定要自己創造一個屬於自己的美好花園；不管好壞，都一定要在這個生命的交響樂中演奏自己的精美樂器；不管好壞，都應該保持自己的特有本色。廣闊無邊的宇宙充滿了未知事物，只有你好好耕耘自己的那塊土地，才能得到滿意的好收成，自然界賦予每一個人的都是一種與眾不同的新能力，除你自己之外，沒有人知道你能做什麼。

　　二〇〇四年度諾貝爾文學獎得主、奧地利女作家埃爾弗裏德·耶利內克在知道自己獲獎後，宣佈她不會去瑞典的斯德哥爾摩領取諾貝爾文學獎。

　　她並不期待著自己成為一個萬眾矚目的名人，她覺得這不是她極力追求的目標。她本人曾說，在得知獲得這一如此崇高的獎項之後，自己第一感覺到的「不是高興，而是絕望」。耶利內克說：「我始終沒有想過，我本人會獲得諾貝爾獎，也許，這一獎項最應頒發給另外一位奧地利作家，彼傑爾‧漢德刻的。」

　　我們不一定認同這位獲獎者的反應是最好的，然而難能可貴的是她在面對巨大的榮譽時，完全保持了自己的本色，很清楚自己是誰，應該做些什麼。耶利內克寫作的本意不是為了得獎，並且認為有比她更該得獎的作家，這顯示了她的誠摯，也體現了她的超凡勇氣。

　　確實，諾貝爾獎是加在一個人頭上的光榮桂冠，它使獲獎者沐浴著榮譽的陽光，可它絕不會從根本上改變一個人：你本來怎麼樣，現在還是那樣。不少諾貝爾獎獲獎者在榮譽到來之後表現出來的本真性，更讓人體會到他們人性的偉大。他們是受之無愧的獲獎者，從這個意義上說，諾貝爾獎評獎委員會沒有獎錯人。

　　當我對諾貝爾文學獎及其獲獎者瞭解得越多，我就越加堅信這個世界上的最高獎是實質和形式最為統一的獎項。瑞典文學院在公佈這一評選結果時，附上了授予她這一榮譽的原因：「她用音樂般暢快的表達，以充滿激情的語言，揭示了社會中一切陳規舊俗的荒謬，以及這些枷鎖對人施加的可怕壓力。」

　　儘管埃爾弗裏德‧耶利內克當時已經五十七歲，然而那一刻，我感覺到她很美，是那種保持本色的美麗。

　　想培養平安、消除憂慮的心理，就不應刻意地去模仿別人，讓我們找回自己，保持本色。保持自己的本色，做最真實的自己，這樣的女人最富有人情味與親和力。你要懂得，假如你具備所有女人的優點，那麼你得到的將是前所未有的孤獨和寂寞。這

個世界上從來不存在完人，一個人因為有了缺點或缺陷而獲得他人的認可，若是你成為唯一的完人，那你就是神仙了，還有誰願意和你在一起？因此說，在你的職場生涯中，設法最大限度利用你的自身優勢，保持好你的女人本色，你既能在職場取得突出成就，又能夠充分享受到作為女人的幸福與美滿。

做自信的女人

「自信是事業成功的保障。」這句話說得很有道理，只要自己相信自己，相信自己一定會成功，那麼天底下一切問題都會迎刃而解。

何謂自信？自信就是相信自己的智慧，相信自己的才幹，相信只要自己努力，就一定做得不比任何人差。

要想成功，首先就要做一個滿懷自信的女人。自信的女人，家庭、事業、交際都可以一帆風順，偶爾出現的挫折打擊，總能被她們輕巧化去，一舉手、一投足間，便可使事情朝著她們所希望的有利方向轉變。

自信的女人，不等於女強人。女強人的雷厲風行、不可一世，總使人敬而遠之。而自信的女人卻沒有這樣的特點，她們也許剛強，也許柔弱，也許中性，可是都使人易於接近、樂於接近。剛強的她們，會表現出豪爽的一面，以一份坦誠和爽朗使你心悅誠服；柔弱的她們，總容易使人們對她心生憐愛，繼而心甘情願替她做事；中性的她們，長袖善舞，不管男人女人都對她欣賞佩服，那就更是源於充滿自信的灑脫了。

自信的女人，清楚哪些才是她最需要的，弱水三千，她只取一瓢，這是她的睿智所在，芸芸眾生，優秀傑出的人物數不勝數，即使武曌再世，也不可網羅一切，不如尋一個合自己脾胃與

自己志趣相投的人共赴一生，譜寫生命中的絕唱便足矣！因此自信的女人，從來沒有誹聞惹及自身，她們本來就潔身自愛，身正自然不怕影斜，偶有一些肖小無事生非，也不過給她們的愛情做一個廣告罷了。

自信的女人，並非就一定擁有自己的事業，但若擁有事業的話，她們一定能夠在事業上揮灑自如，使上級下級同事對手都心悅誠服地佩服她的工作能力。在工作上，她們舉重若輕，急大局之所急，辦事穩妥細緻，擁有自信女人的企業，也就擁有了一個光明的前途。

自信並非天生的，是由後天培養而來的。從女人的天性來說，常常容易相信別人，而不相信自己。總是在敬佩別人，而不知道欣賞自己。假如你能認識女人天性中這一弱點，並有意克服它，你就可以徹底戰勝自己，成為一個強者。

女人的自信與年齡無關。真正自信的女人不會由於年齡而自卑，不會由於又增加了一道皺紋而煩惱。年輕貌美的女孩誠然讓人羨慕，可歲月不會饒過哪一個女人，再美的女人也會走向衰老，也會有老態龍鍾的時候。我見過不少富有魅力的老年女性，儘管她們的容顏早已不再年輕，可她們都在積極地生活，憑自己的努力度過充實的每一天。自信讓她們不失穩重、端莊的風韻。就算是到了風燭殘年，假如你不自暴自棄，你依然會有光彩耀人的餘熱。你豐富的人生閱歷與智慧，依然是你自豪的資本。自信的女人是最有魅力的，這種魅力會深深吸引她身邊的每一個人。自信的女人絕對不會自尋煩惱地猜疑自己的丈夫，做出限制他自由的蠢事。她堅信自己是完美的，極富親和力的。因此自信的女人是輕鬆快樂的，是幸福的。

你或許是一個極普通的人，畢竟絕大多數人都是普通又普通

的人。然而這並不妨礙你成為一個自信的人。你走在熙來攘往的人流中，也許不會引起他人的注意，可這並不影響你在自己心目中獨一無二的重要地位。假如你看準了一個目標，全力把一件事做成，那麼就不要害怕失敗，哪怕失敗了也不要放棄。只管拿出韌性來，反覆去做，你一定可以成功。你不必總想著去做什麼驚天動地的大事，即使你一生只做一件事，只要這件事是你精心設計的，是你所期待的，你就大膽努力去做，把它做好。等到你經過堅忍不拔的努力，獲得應有結果的時候，你會對人生充滿無限的喜悅。

自信是一種精神狀態，它讓人的內心飽滿充盈、富有活力，同時外表光彩逼人、洋溢魅力。正所謂水因懷珠而媚，山因蘊玉而輝，女人因自信而美。自信的女人從容大度，舒卷自如，雙目中投射出安詳堅定的閃亮光芒。相對於那些事業有成的女強人，或者在舞臺銀幕上耀眼的女明星們來說，自信使她們更美麗、更健康，也更加精彩。而街市上那些青春勃發、魅力四射的少女們，則以她們驕人的自信，為城市增添了一道道亮麗可人的風景線。

在大多數人看來，女人的自信應該是來源於年輕美貌，來源於事業有成。然而，任何女人無法一生都年輕貌美，女人的自信只能依憑於事業有成。而在男性強手林立的職場上，真正能夠脫穎而出的女強人又有多少？假如有幸嫁了一個出色能幹的丈夫，還可以做一回月亮，藉助太陽的光焰炫耀自己，可出色的男人又在哪裡？因此女人顯然出類拔萃者少，平凡普通者眾。眼看著孩子長大成人，工作中的新人後來居上，自己不再被需要、被關注，一種失落感油然生髮。人到中年，想再重新打鼓開張，開創事業談何容易，太多的失敗令她們喪失自信，太多的失望令她們

倍感自卑。

自卑是女人健康和美麗的最大敵人。長期生活在羨慕嫉妒他人的情緒中，會嚴重破壞自己的心理平衡。沒有自信的女人心情黯淡、情緒低落、臉色枯萎，甚至疑神疑鬼，掙扎在猜疑病症的劇烈痛苦之中。自卑是生命低潮、處世消極的表現，也為各種疾病入侵敞開了方便之門。相反，自信的女人猶如一座戒備森嚴的城池，內心堅定，不輕易受到外界干擾；情緒平和穩定，百病自除。

其實，年輕美貌、事業有成從來就不是女性自信心的唯一來源。人的自信也並非都建立在外在的物質基礎上。家庭和美、身體健康、心情舒暢、朋友眾多等等，都是自信心不斷增強的重要因素。正如養花種草，自信也需要經營與培植，是一個長期而需要耐心的過程。為何不及時調整人生目標，以一些容易取得的小小成功來培植自信心？如作為家長，幫助孩子提高學習成績；作為業餘愛好，在報紙上發表了一篇豆腐塊的文章；作為醫生護士，得到病人家屬的真誠誇獎；作為教師，得到學生的敬重……甚至買了一件物美價廉的衣服，在股市上小贏了一筆，做出一頓味道可口的飯菜，都能成為我們自信的理由。這些小小的光亮正如夜幕上鑽石般閃亮的星星，帶來希望與憧憬，讓我們由自卑的黑暗中漸漸走出，走向人生的光明。

從根本上來說，真正的自信來源於相信自己，對自己的成就以及生活狀態的滿意；可是短時間內，很難達到這樣的圓滿狀態。不過只要每一天給自己增加一點自信，最終會讓你成為自信的女人。

你可以試試下面提供的提示：

（1）加強鍛鍊，運動你的身體

健康的身體狀態、充沛的精力是你自信的最終來源。因此拋棄那些高科技所提供的便利：棄用電梯，改爬樓梯；泊車遠一些，給自己一段步行到公司的距離；出去郊遊儘量騎車。還有什麼比得上紅潤的雙頰和輕快的步伐能給你更多的自信呢？

（2）注意你自己的穿著打扮

穿著打扮是別人第一眼所能看到的。你身上所有細微的物件都表明了你的品味、審美觀和風格。在穿著之前，問一問自己：我想要給別人留下怎樣的印象？我喜歡給什麼樣的人留下深刻印象？

以下就是穿著的一些重要原則：

合適：確定你的衣服符合你的尺碼大小，合體的衣服是最基本的要求。

乾淨：保持衣服乾淨整齊。同時，注意有沒有掉扣子或有線頭等細節問題。

鞋子：任何人都會注意到鞋子，或許是由於人們在緊張的時候就低頭的緣故吧。因此要保持鞋子的乾淨和光亮。

笑容：就算你的穿著完美無缺，要是沒有笑容，也就丟失了靈魂。

呼吸：靜靜地站立著，給自己的心靈找到一個避難所。你已經被每天的生死時速、資訊轟炸、越來越小的空間所窒息。因此你很有必要重新學會呼吸。嘗試一下「腹部呼吸」法：平躺在地上，把兩手放在肚子上。用腹部呼吸，讓腹部像風箱那般起伏起來。在你緊張焦慮或怒火升騰需要冷靜之時，不妨試試這種呼吸法。

（3）遵守諾言，準時，對他人的談話保持高度集中的注意力

集中注意力是人際交往間最基本的要求。當你與他人在一起的時候，你的全部身心都一定要在這兒，心不在焉是對他人極大的不敬。唯有做到這些，尊重他人，你才可以獲得高品質的人際關係，而良好的人際關係也是一個人自信心的重要來源之一。

（4）懂得給予並且接受

給予他人你想要的。假如你希望得到尊重與合作，那就給別人尊重與合作吧；假如你想要成功，那就盡力幫助別人成功；假如你想獲得快樂，那就先帶給他人快樂。另外，要懂得接受，用開放的態度來接受他人對你的讚美，從而肯定自己的價值。

很可能你會說，自信就是如此簡單嗎？是的。擁有自信就是如此簡單。

女性成功的十項秘訣

女人要想在事業上取得成功，就一定要做到三件事：一是要具備紮實的專業知識，堅信自己有能力勝任本職工作；二是要懂得合理安排時間；三是要善於控制自己，不可由於工作緊張而有沉重的心理壓力。

紐約的一位女經理卡·斯貝林向女同胞們推薦了「十項秘訣」，這是她實現事業成功的寶貴經驗之談。這「十項秘訣」是：

1.要有條理、有秩序地安排工作，召開會議前要做充分準備。發言時要採用通俗易懂的言辭，簡明扼要地進行講述。說話要大膽，乾脆俐落，不可吞吞吐吐，另外要注意不要讓別人打斷你的話。

2.不能過多地以打手勢來闡明你所表達的意思。

3.不用裝做對自己的下屬都一樣喜歡，要懂得「看事不看人」。要將精力集中到本公司要做的業務上，不可將精力分散到雇員們之間的關係或他們的家庭私事上面去。

4.不必裝做「萬事通」，勇於不恥下問。如此，有利於強化你的威信，使人覺得你和藹可親。因為大家都知道，你並不是一個無可挑剔的女人。

5.工作中與人交談要有幽默感，如此有利於緩解緊張氣氛。

6.別談太多自己的私生活，防止產生誤解。不可聽信謠言，更不要捕風捉影，要不然就會影響公司內的人際關係，從而嚴重危害公司的業務。

7.和男人交往時，既要講究女子的大方，也要把握好分寸，不能給人造成賣弄風情和舉止輕浮的印象。

8.對於你的下級人員的工作表現，要盡力做出客觀評價。

9.不要完全抹煞你跟下級之間的距離；你對男雇員的風度表達出應有的反應，並非羞恥的事情。

10.要講究自己的服裝和儀表，衣著應高雅大方，工作崗位上不可穿過分袒肩露胸的衣服，更不可模仿男子的打扮。

美國的一項社會調查還顯示，商界婦女一定要具備女性的特殊魅力，一位注意適合自己身材、膚色打扮的女主管，更有可能得到公司男經理們的信任。站在男子的角度看，穿女性套裝，留短頭髮，佩戴必要的首飾，打扮淡雅舒展的女士，比穿「迷你裙」、濃妝豔抹、穿牛仔服的女性更具有魅力。這種魅力，在很大程度上是你的事業獲得成功所不可或缺的。

Chapter *4*

表現得像女人：
女人的智慧

　　姣好的容貌，並不見得影響處事的果斷；優雅的氣質，也一樣能夠做出正確的決策。女性魅力與職業能力，並不是水火不容。實際上，不少職業女性，「一半是水，一半是火」，既擁有溫柔、細膩和親和力的特質，辦事又非常精明、果斷和幹練。她們憑女性特有的氣質、風采，在職場長袖善舞，打造成功事業，贏得廣泛讚譽。

女人可以不美，但不能缺乏智慧

有人曾說：「女人可以不美麗，但不能缺乏智慧。」「唯有智慧可以重賦美麗，唯有智慧可以使美麗長駐，唯有智慧可以使美麗有質的內涵。」

人們常說：一個外表漂亮的女人，經不起時間的打磨，她的外在光澤會日漸褪去，然而智慧的女人即使不怎麼漂亮，也會猶如鑽石一樣閃爍著光芒，越久越添光彩。

有的女人天生把自己定位成男人的附屬品，沒有自己的翅膀；有的女人喜歡人云亦云，不情願去探索，自己灰心喪氣。這類女人在失去愛情時，要嘛裝作不在乎，要嘛與它一起毀滅，不光是苦了自己，還總忘不了拉著別人一起往苦海裏跳。試想一想，一位具有智慧的女人，她一定會具有敏銳的思維、機智的談吐、優雅的風度，男人也渴望融於其中。我在這裏說的智慧女人，並不一定是職業式「女強人」，這類人通常容易遺棄居家時的溫馨、缺少燭光裏的動人微笑……

女人的漂亮是天生的，女人的美麗卻是經過後天雕琢和磨礪的結果，而學識、智慧以及才情，是滋養女人美麗的重要養料。智慧的女人在對待愛情的背叛時，會從容面對和處理：那個人不愛我、欺騙我、背叛我，這一切已經不重要了，最重要的是我是否依然是我自己，我的尊嚴、我的自信、再去愛別人的能力，並不會因為他不愛我而有絲毫減少，反而會增加，感謝他讓我更加瞭解自己。智慧的女人不光裝扮自身的美麗，而且總能將那些無情的眼神且像利刃般的話語，適時地轉化為多情溫柔的眼神、甜蜜體貼的語彙、絢麗繽紛的午夜、詩情浪漫的雨季……女人由於智慧，會心胸寬廣，神閒氣定；女人由於智慧，會變得自信從容，揮灑自如；女人由於智慧，會變得氣質高雅，儀態大方，智

慧的光芒可使女人超越時空，呈現一種永恆的超凡美麗。

　　缺乏智慧的女人，就像一種通體透明的藻類，既沒有反擊外界侵襲的能力，又沒有適應自身變異的對策，她們是毫不設防的城市；缺乏智慧的女人，彷彿折斷了翅膀的鳥兒一樣無以飛翔。

用智慧突破你的性別桎梏

　　很多時候男人是憑勇氣來爭取成功，原因是男人天生屬於力量型的動物；而女人儘管缺少強大的力量，卻能夠運用智慧創造更大的成就。

　　在生活中，幾乎所有女人都想成為億萬富姐、傑出的企業家、商界女強人……可現實裏，有無數的女人總感歎自己沒有生為男人，不可以像男人那樣去勇猛開拓。在她們的觀念裏，認定唯有男人才是開荒拓野的先行者，從思想上把自己給否定了。是何種因素造成這種天壤之別呢？難道真有一隻命運之手在冥冥中操縱，讓女人們各從其位嗎？不！決定女人一生的不是上天，而是你自己的智慧。那何為智慧？怎樣的女人才稱得上有智慧的女人？

　　歸根結底，還是性別帶來的性格弱點，自設了女人的思想桎梏。身為女人，這種思想牢籠造成了巨大的制約，它極大地影響了女人的人生觀和價值觀。事實上，只要我們敢於挑戰自我，同樣可以跟男人一較高低，平起平坐。

　　如在 IT 行業，不少人或許認為女性的性別是她們在 IT 業之中發展的最大制約因素，業內的男性會根據性別而質疑女性的能力和水準，可事實上並非如此。通過詳實的調查結果顯示，百分之八十的 IT 女性，覺得性別已經不再是制約自己晉升與發展的瓶頸，而她們職業發展的最大障礙，則是性別給她們自身帶來的

種種性格上的缺憾。

情緒化是女性 IT 從業者很容易出現的一大弱點。

熟悉陳葵的人都知道她是個急脾氣。以前在康柏的同事就曾經說她「就像渾身綁滿了炸藥一樣」，而叱吒商場的陳葵也承認自己是一個愛哭的女人。以前的她遇到工作不順的時候常常會大哭一場，可哭過之後她發現這根本無助於解決任何問題，自己還必須要回到現實中，面對和處理眼前的種種難題。

經過多年的歷練，陳葵深刻認識到在工作中最重要的事情，並不是找到自己認為「最對」的方法，而是要找到對解決問題有幫助的「最好」的方法。她說，意識到這一點是一個 IT 女性成熟的顯著標誌，「咄咄逼人」本質上是一種外強中乾的體現，而真正的女強人心智要堅強，如此才能做到「一切盡在掌握」的境界。她不斷強調，女人的成熟，事實上是一種克服自身感性因素氾濫的過程，在這個過程中，女人會從一開始的「遇到挫折就放棄行動」，到後來的「懷疑自己但依然堅持行動」，直至最終變得理性，依據客觀實際「堅持自己應該堅持的，改正自己應該改正的」。

社會習俗常會讓女性產生一種遇到困難就會想到依賴別人解決的自然慣性，這是性別帶給女性的另一個明顯的性格弱點。

一九九七年，大陸聯想需要一個新的辦公地點以適應規模的迅速擴大，而這個重擔就落在了剛剛上任的綜合部總經理王曉岩的肩上。

當時老闆給她的最大期限是三個月，在這段時間之內，她要完成從選址、設計、裝修到投入使用的一切前期準備工作。剛一接到任務的時候，她覺得這幾乎是不可能的，可是不甘落後的性格，還是使她毅然接下了這個「不可能的任務」。她同助手們加

班加點，克服了重重困難，最終如期在三個月內「搞定」了新的辦公地點，並使聯想集團成為北京最早採用開放式辦公的 IT 公司。她說，人們對女人的印象是柔弱，而假使女人也把這種柔弱看作自己與生俱來的東西，每每遇到困難就求別人幫助或遷就，沒有將努力的重心放在自己身上，那麼她終究會一事無成。職業女性最重要的就是自信，儘管具有自信不一定就代表成功，可是不自信註定不會成功。

事實上，在發展迅速、競爭激烈的 IT 行業之中，女人完全可以將特有的韌性和溝通上的優勢，發揮得盡可能淋漓盡致。男性在職場中揹負著外界和自身的強大壓力，「只能成功不能失敗」的理念，有時會變成他們身上甩不開的沉重包袱；而相比之下，外界對職業女性的成就期望要低得多，在相對寬鬆的發展環境中面對難題時，女性更容易創造出優異的業績來證明自身的實力，從而贏得眾人的尊重。

鞠立也遇到過類似的高難度挑戰。二〇〇一年，鞠立被派到 IBM 北卡總部負責一個亞太項目的實施。美國與亞太區有十二個小時時差，鞠立就白天在北卡總部工作，晚上十點以後開始和亞太區的同事們開會。每當回想起自己第一次召集亞太電話會時，鞠立總是記憶猶新。原本是開一個電話會議，可是到了開會時間，卻只有自己跟另外一個同事線上，她當時感覺很鬱悶，為何說好的時間大家都沒有來參加呢？後來鞠立開始意識到，原因可能是自己並不是他們的直接領導，而只是監督和支持他們的一個人。面對這樣的情況，如何與他們進行很好地溝通，而且讓他們願意去做，這件事情成了擺在鞠立面前的一個重要課題。她後來發現，只能給他們每一個人打電話約時間單獨來談，畢竟他們確實都有他們的日常工作，需要從他們的角度來考慮問題，以便

有利於說服他們，告訴他們為什麼做這個項目，能給他們帶來何種好處，聆聽他們真正最關心的問題，瞭解他們想讓你幫助什麼。唯有如此逐個溝通以後，這個團隊才可能真正地開始規範運作起來。從這段經歷中，鞠立品味出了溝通的精要，也隱隱感覺到這對於自己其實不是什麼克服不了的難題。她說，女性做管理其實是有很多優勢的，因為要做好管理就離不開溝通，溝通至關重要，而溝通對於女性常常不成問題。

事實上，智慧女人可以不必過於在意美麗的容顏、漂亮的裝扮、婀娜的體態，然而不可以缺少思想、學識、自信和良好的修養。因為真正讓一個女人光彩一生的是她的思想、學識與修養。智慧就是有才識，智慧就是活潑開朗，智慧就是熱情大方，智慧就是樂觀自信，智慧就是豁達堅強，智慧就是溫柔謙和，智慧就是柔情似水……不是說有內涵的女人永遠年輕、聰明的女人最漂亮嗎？不是說智慧與知識同行嗎？不是說自信是成功女人的愛侶嗎？因此說每個女人都能夠成為一個有智慧的女人，或者說每個女人都有自己潛在的智慧，因此你應該挖掘你自己的智慧。假如你認為自己只是一個平凡普通的女人，這些都不會影響你成為一個真正有智慧的女人。假如你夢想成為一個智慧女人，用智慧開創自己的非凡人生，你就要相信自己，用自己的行動和能力告訴人們我行。願天下每個女人都成為有智慧的女人，願天下每個智慧的女人都有一個輝煌的人生。

勇敢面對挫折和挑戰

人人都渴望自己的生活中能夠多一點快樂，少一點痛苦，多些順利少些挫折，然而命運卻好像總愛捉弄人、折磨人，總是給人以更多的失落、痛苦和挫折。我曾看到過這樣一則故事：草地

上有一個蛹，一個小孩發現之後把它帶回了家。沒過幾天，蛹上出現了一道小裂縫，裏面的蝴蝶掙扎了很長時間，身子彷彿被卡住了，遲遲出不來。天真善良的孩子看到蛹中的蝴蝶痛苦掙扎的樣子於心不忍。於是他便拿起剪刀把蛹殼剪開，幫助蝴蝶脫蛹出來。可是因為這隻蝴蝶沒有經過破蛹前必須經過的痛苦掙扎，所以出殼後身軀臃腫，翅膀乾癟，根本無法飛翔起來，不久就死了。自然，這隻蝴蝶的歡樂，也就隨著它的死亡而永遠地消失了。這個小故事也道出了一個人生的哲理，要得到歡樂就必須先承受痛苦和挫折。這是對人的磨練，也是一個人成長必經的階段。

因為社會環境的關係，女人在工作和事業上遇到挫折的機率比男人要大很多。所以女人要成功，就需要比男人更加懂得處理和應對挫折。實際上，不少成功女性的事蹟說明，女人在這方面一樣能夠做得更好。

女人在遭遇挫折時，常常會感到缺少安全感，使自己難以安下心來，工作和生活都會受到重大影響。那麼女人在遭受挫折時，又應怎樣進行調適呢？下面十種方法，值得一試：

第一，沉著冷靜，不慌張，不發怒。

第二，增強自信，提高行動的勇氣。

第三，審時度勢，迂迴取勝。所謂迂迴取勝，即是目標不變，改變方法。

第四，再接再厲，鍥而不捨。當你遇到挫折時，要大膽勇往直前。你的既定目標不變，而努力的程度要加倍。

第五，移花接木，靈活機動。如果原來太高的目標一時難以實現，可用更為容易達到的目標來替代，這也是一種適應的方式。

第六，查找原因，理清思路。當你受挫時，先讓自己靜下心來，盡力把產生挫折的原因查找出來，再尋求解決問題的方法。

第七，情緒轉移，尋求昇華。不妨通過自己喜愛的集郵、寫作、書法、美術、音樂、舞蹈、體育鍛鍊等方式，讓情緒得以調適，使情感得到昇華。

第八，懂得宣洩，擺脫壓力。面對挫折，不同的人，有不同的態度。有些人惆悵，有些人猶豫，這時可以找一兩個親近的人、理解你的人，將心裏的話全部傾吐出來。從心理健康角度來說，宣洩能夠消除因挫折而產生的精神壓力，能夠減輕精神疲勞；而且宣洩也是一種自我心理救護措施，它可以使不良情緒得到淡化和緩解。

第九，必要時可以向心理醫生求助。當人們遭遇到挫折不知所措時，不妨試著求助於心理諮詢機構。

心理醫生會對你動之以情，曉之以理，導之以行，循循善誘，教你如何從「山窮水盡疑無路」的困境中，步入「柳暗花明又一村」的開朗境地。

第十，懂得幽默，自我解嘲。「幽默」和「自嘲」是宣洩憂鬱、平衡心態、製造快樂的好方法。當你遭受挫折時，採用一下阿Q的精神勝利法也無妨，比如「吃虧是福」、「破財免災」、「有失有得」等等來調節一下你失衡的心理狀態。或者「難得糊塗」，冷靜看待挫折，用幽默的方法調整心態。

人生在世，誰也不能永遠春風得意，事事順心。面對挫折虛懷若谷，大智若愚，保持一種恬淡平和的心境，是徹悟人生的大度。女人要想保持健康的心境，就需要注意昇華精神，修煉道德，積蓄能量，風趣樂觀。就像馬克思所說：「一種美好的心情，比十服良藥更能消除生理上的疲憊和痛楚。」

要魅力，更要有能力

　　美麗，常常可以讓女性在工作中遊刃有餘，左右逢源。在大多數人的眼裏，「天使面孔，魔鬼身材」即是女性魅力，在職場競爭中是頗具殺傷力的。可事實證明，任何成功的女人，並不是單純依靠女性魅力便獲得成功的，她們一樣有著和男人一樣出色的職業能力。但是如果一個女人能夠將魅力和能力結合到一起，那麼她想不成功也難。

　　然而女性魅力與職業能力，往往遭遇「二律背反」的尷尬。作為女性，假如她很有成就又美貌過人，那麼人們大多是將她的成就歸功於她的美貌；假如她很有成就可是相貌很一般，人們通常會說她「不像個女人」，或者會褒中有貶地稱她是「女強人」（一個缺少「女人味」的女人）。一提到女性魅力，人們會非常自然地聯想到姣好的容貌、優雅的氣質；一提到職業能力，呈現在腦海裏的則是正確的決策、果斷的處事。

　　事實上，姣好的容貌並不見得影響處事的果斷；優雅的氣質也一樣能夠做出正確的決策。女性魅力與職業能力，並不是水火不容。實際上，不少職業女性「一半是水，一半是火」，既擁有溫柔、細膩和親和力的特質，辦事又非常精明、果斷和幹練。她們憑女性特有的氣質、風采，在職場長袖善舞，打造成功事業，贏得廣泛讚譽。

　　一家策劃公司，曾經在針對都市職業女性的一項調查中發現，在公司經理層中，男性占 57.9%，女性占 42.1%。也就是說，女性依靠自己的魅力和能力，在職場佔據了半壁江山。女性與男性一樣，性別魅力和職業能力都是構成人格魅力不可替代的一部分，女性魅力有著深邃豐富的內涵。在為數眾多的傑出職業女性身上，那種把握感情的能力，表達和交際的能力，溝通和協

調的能力，都是女性魅力的具體體現。看來，或許正是由於這個緣故，因此有人把當今時代稱為「她時代」吧！

人們常說：「男女搭配，幹活不累。」女性魅力，能夠營造一種和諧愉快的工作氣氛。在美國，很多知名企業越來越多地器重女性管理人員。他們的看法是現今傑出的企業，應該是剛柔相濟、陰陽互長的；而傳統的企業則因為過於偏重「陽剛」，難以突破發展的「瓶頸」。

在具有女性魅力的同時，又具有職業能力，才稱得上一個真正美麗的女人，才可能在職場中贏得掌聲、鮮花和機會。

把你的工作做得更出色

身為職業女性，除了與男性面臨相同的工作壓力以外，還會面臨更多屬於自己性別方面帶來的挑戰。因此在日常工作中，應具備一定的技巧，才會更有效地取得他人的信任。

（1）堅定自信心

自卑是阻礙女人職業發展的第一大頑敵，因此你要做的第一件事是尋回並堅定自信心。再次展示出當年你在大學裏參加辯論賽時的玉樹臨風，參加卡拉 OK 比賽時的風姿綽約，還有參加百公尺比賽時的颯爽英姿，在內心裏反覆地告訴自己：此時此刻的我就是最棒的！

（2）改變形象

改變心情最有效的辦法之一，就是改變形象。你是否還記得奧斯卡金像獎得獎影片《前妻俱樂部》中的主角，當她們為自己討回公道時，改變形象成了至關重要、最行之有效的方法。由此可知，改變形象對改變一個人的重要性。

（3）運用智慧

工作時不可避免地會遇到困難和挫折，此時，假如你半途而廢，或置之不理，將會使公司對你的看法大打折扣。所以隨時運用你的智慧，或許只要一點創意或靈感，便常常可以解決難題，使工作得以順利完成。

（4）整潔獲青睞

有人說從辦公桌的物品擺放情況，可以看出一個人的辦事效率和態度，如果桌上物品任意堆置，顯得雜亂無章，基本可以斷定這個人的工作效率一定不會高，工作態度也極為隨便甚至散漫。相反，桌子上收拾得井然有序，顯出整潔清爽的樣子，這樣的人想必是個態度謹慎、講究效率的人，而事實上也的確如此。

（5）人人皆我師

不恥下問。期待每天都有機會向可能見面的人請教取經，哪怕是司機或下屬，對周圍的人持有高度興趣和熱情，創造對雙方互動都很有裨益的話題。

（6）讓自己的專業為他人所用

天生我材必有用，相信自己有幾樣可以引以為豪的專長。每天都要想一想自己會做什麼？什麼因素會妨礙自己在專業上的進步？

（7）適時買禮物獎勵自己

每當完成一項高難度工作任務時，不妨買一束花或植物放在自己的桌上，接受新工作時，採購自己心愛的文具或用品，從而大大提升自己的工作士氣。

（8）勇於面對問題

高效解決問題。把目前有辦法解決的問題，以及還無法解決的問題分別一一列出。有辦法解決的問題就要儘快全力以赴地去解決，暫時無法解決的問題可以爭取得到公司支持，精誠所至，金石為開，只要凡事盡力而為，就一定可以得到對方的諒解與支持。

（9）擴大自己的工作舞臺

在緊張的工作之餘，可以到自己不熟悉的部門看一看，盡可能瞭解其他部門的工作性質，多多接觸其他部門的同事，抓住機會擴大自己的人際關係。

（10）展示你的人格魅力

在大多數人看來，人格魅力是最難以捉摸的神秘因素，是一種神秘得近乎神奇的事業推進劑。它是一種迷人的氣質與個性魅力，很輕易就能讓別人支持並熱情洋溢地發揚光大你的遠景，人格魅力可以讓你成為領導者。

（11）學會自我調節

大部分女員工的頭腦中，都充斥著至少半打要做的事情，在你的身心不堪重負時，悲傷、焦慮、恐懼甚至犯罪感都可能會洶湧而來。自我調節就是把你從嘈雜的思維中解脫出來，幫助你消除那些憂慮。找一個安靜的地方，擺一個舒服的坐姿或臥姿，全身放鬆並把思想集中到你的呼吸上。要是私心雜念闖進來，就立即把它們驅散出去，重新把注意力集中到呼吸上來。調節的時間有多長，或者能否成功地摒棄雜念，都不是最緊要的，重要的是你每天堅持做幾分鐘。

（12）業務外出要警覺

　　一般來說，作為公司的女性職員，難免會因業務需要而外出。在外出搭乘交通工具，或中途停留在某些場所時，一定要提高警惕，留意自己的言行舉止。就算是在上班以外的時間跟朋友會面，也應注意不要談及公司的事情；切不可把與公司相關的文檔遺忘在外出地點；當對方探聽有關公司的事情時，應該採取避重就輕的方式回答；外出時不可為了消磨多餘的時間而隨意進出娛樂場所。

（13）真誠動人的情感

　　情感是聯結上下級關係的一個關鍵紐帶，是具有強大影響力的非權力因素。身為部門主管要想獲得高度的影響力，就一定要自己擺正位置，真誠待人，以情動人，以誠感人，以心交心；加強和員工之間的資訊和情感溝通；對待持有不同意見的同事或下屬，切忌採取高壓政策，而要願意傾聽部下的各種意見，廣納群言，以調動他們的主觀能動性和工作積極性，同時還要關心員工的生活冷暖。

（14）良好的實績

　　工作實績是衡量一個人的素質高低的尺規。突出的工作成績就是最好的說服力，它最能讓人信賴和敬佩。要想做出一番令人羨慕的業績，就要善於決斷，勇於承擔責任；善於創新，勇於開拓；善於研究市場具體需求，勇於把握市場動態趨勢。只有這樣，企業的航船才可以在市場經濟的大海中，或「以不變應萬變」頂住巨大風浪，或「見風使舵」乘風破浪，繞過湧動的暗流，避開商戰「陷阱」，把企業引向具有更加廣闊前景的理想境地。當你力挽狂瀾而以驕人的業績振興企業時，你的影響力必然

順理成章地達到「振臂一呼，應者雲集」的地步。

（15）做值得他人信任的人

在辦公室幽默活潑，善解人意，豁達開朗，使男性同事充分感受到跟你共事的幸運與興奮，各種大小不一的回報將紛紛隨之而來，如邀請你做女嘉賓，參加盛大的年會等；在你碰到難題時，會有人傾力相助。原因在於你一向有親和力，是一個值得他人信任的好女性。

清除女性職場十大路障

有一句話說得好：「你也許不能控制他人，但你可以掌握自己；你也許不能左右天氣，但你可以改變心情。」

這正是置身職場的女性所應具備的優秀心理素質。你或許無法去減輕工作的負荷，更無心去改變本已糟糕的人際關係，那麼你何不從自身出發，排除個人心智中的種種障礙，進而使自己不斷闊步向前，贏得成功！

以下十點是女性職場中經常會遭遇到的路障，切記清除。

（1）坐等伯樂出現

方芳在一家廣告策劃公司專門負責文案工作，她所學的專業是平面設計，對色彩和構圖的感覺極為準確和到位。令人遺憾的是她很不情願主動地參與公司的設計工作，也不敢向老闆提出自己的想法和期望從事的工作，進公司工作已超過半年了，她還是在做試用期時的文案工作。每天都面對著電腦，度過一個又一個的朝九晚五。事實上，她心裏真的很想做設計，看著同事們完成一個又一個廣告創意與平面企劃後的那份開心和滿足，她的內心很不是滋味，原因是她覺得自己完全可以比他們做得更出色。然

而她又不知該怎樣向老闆說明她的想法，她相信老闆終有一天會看到她、注意她的。可最終方芳換了一家新的設計公司，還是從試工期的文案工作開始，直到今天，她也沒有完成過一個設計。

可見，一味被動地等著別人的發現是極不明智的想法。尤其是你的上司乃至老闆，他們的頭腦中不知有多少事要思考，多少關係要理順，你勤懇的工作態度他們確實不會視而不見。可如果指望他能夠明白你的真正需要，那可真是大大的奢望了。因此別太天真了，聰明的做法是在老闆肯定了你的敬業精神之後，適時講出你真正的需要，這樣反倒會讓他覺得你是一個對自己很瞭解並充滿自信的人，先不說委以重任，最關鍵的是你得到了自己真正喜歡的工作。

（2）過於在意別人對自己的評價

曉雨在一家外貿公司任公關部助理。由於工作性質的原因，經常要跟公司上上下下的人打交道。曉雨本身是一個謹小慎微的人，她深知在大公司做事人際關係的重要性以及人言可畏的後果，因此她處處留心，生怕得罪了同事或上司，生出什麼枝節。對所有人她都是有求必應，笑臉相迎，一直沒有對周圍的人說過「不」。她感覺自己的為人處事可以算得上是天衣無縫了。然而不知何種原因，漸漸地她成了辦公室裏最遭冷遇的一個人。她感到非常疑惑和委屈，因為她自己覺得沒有做錯什麼事，相反，由於自己對別人有求必應，使自己無形當中做了不少額外的工作，佔用了大量的時間。直到有一天，一位從前和她挺要好的同事跟她說出緣由，才讓她猛然醒悟。原來正是因為她過度「隨和」，讓人覺得她虛偽，不可相信。

其實有像曉雨這種心理的女性不在少數。這種為人處事的態

度不但不聰明，其後果常常會使自己處於一個尷尬的境地。事實上，身處職場，很沒有必要為了博得每個人的歡心而為難自己，只要本著個人的原則，坦誠相待，即是明智之舉。相反，如果把自己引入一個人際網的漩渦之中，不但你的業績很難有所提高，是否可在此做得長久都可能是個問號。因此還是把自己的大部分精力投入到本職工作中，做出成績才是你在公司立足的根本前提。

（3）不懂得推銷自我

婷是負責企業標誌設計的，她工作一直十分努力，為了一個標誌的設計，經常是幾天幾夜地泡在工作臺上，直至最終定稿。婷不是那種善於表現自己的人，從自己的設計中，她能夠獲得足夠的滿足和自我肯定。或許正是由於這個原因，對於每次的成功，在老板眼中是整個企業設計部共同努力的結果，而絲毫沒有注意到作為總體設計的婷所起到的關鍵作用。就這樣，婷領取著與其他人一樣的薪水，卻做著超出別人好幾倍壓力和辛勞的繁重工作。她感到了非常失落與不公，畢竟她也要生活，也要休閒。她提出了辭職，好在她的老闆這時也意識到了什麼不對的地方，以高薪挽留住了婷。

在工作上，你除了要努力做出優異的業績之外，更應注意讓上司知道，當然這並非是讓你不管大事小事都要向上司彙報。而是要學會適時地表現自己，因為你的付出應獲得相應的回報，而且應該成為讓上司記住你的分量和砝碼。

（4）不善於同男性溝通

琪是電腦公司客戶服務部的助理，因為公司上上下下男同事較多，琪無形中成為一朵眾人競捧的金花，再加上性格外向活

潑，更成為公司裏無可替代的一顆明星。可因此也生出了不少閒話是非，沒過多久，一些不好的話便充斥了電腦公司所在的大樓。琪成了一個被人議論的中心。

最可悲的是跟琪交往了三年的男友，由於一些議論和琪陷入冷戰狀態。琪因此而極其苦惱，原本想在這家公司做出一點事業的想法，此時已完全被淹沒了，無奈不得不早早收兵，離開這一是非之地。

事實上，對於琪的遭遇並不是一個特例，身處職場的女性多多少少都會碰到跟男同事、男客戶共事的情況，怎樣處理好與異性的關係，不但關係到你在旁人眼裏的形象，還會影響你的情緒。其實說起來也很簡單，只要保持距離，而又不失親密，既不要使男人認為你是個不近人情的鐵腕女人，也不要給人以有機可趁的柔弱之錯覺，至關重要的一點是要盡可能杜絕辦公室戀情的發生。

（5）陷入辦公室鬥爭

嚴現任某公關公司的專案發展一部的經理，她和二部的經理東向來是死對頭。一次由於爭取一個時裝發布會的贊助商，和東展開了一場激烈的爭奪戰，從而導致這家公司的運營狀況陷入了極大的危機，結果該贊助商對嚴和東所在公司的整體凝聚力產生懷疑，決定宣佈退出該專案，嚴和東也因此被處以降級的嚴重處罰。

無數事實證明，在同一個屋簷下進行公開化的競爭是很不明智的做法，其結果常常會是兩敗俱傷。對於自己看不慣或有利益衝突的人，最可取的辦法是選擇一條互利之道，團結為本，迴避矛盾。如此不光顯示了你寬容的胸懷，更體現出你以公司的整體

利益為重，請牢記，顧全大局乃是公司決策者最為欣賞的首要素質。

（6）生活缺乏樂趣

靜是一名外企職員，日常的工作就是擬訂合同，統計銷售情況，制訂市場運作方案。通常總是每天最後一個離開辦公室，回到家已是精疲力盡，連煮咖啡的力氣都沒有了。每當到了週末，只想昏天黑地睡上兩天兩夜。至於休閒、外出根本就是心有餘而力不足，始終提不起興趣。漸漸地，靜感覺自己簡直就是一個工作機器，銀行卡裏的錢在只進不出地漲，然而自己的眼角皺紋也在以幾何倍數的速度狂增。這到底是不是自己所想要的生活呢？

就職業女性而言，工作固然是很重要的一部分，可生活中還有其他許多值得你去看、去享受的內容，千萬不要讓自己成為工作的奴隸，懂得勞逸結合才是真正會生活的人。

（7）恐懼變化與挑戰

性格溫柔，善解人意的梅是一家大公司的業務主管。說起她成功的秘訣，梅這麼說：「成功需要艱苦的付出，同時也需要一定的冒險精神。以前我在另外一個部門工作，屬於比上不足、比下有餘的那一類。因此對現狀很滿足，直到有一天，公司進行內部重組，老闆找到我，問我是否願意去拓展一項新業務。說真的，當時我心裏真是一點底也沒有，可最後我還是硬著頭皮接下了。於是我才取得了今天的這些成就。當然，這其中也滿含著努力與艱辛。」

有一句老話說得好：不入虎穴，焉得虎子。成功需要艱苦的努力，更需要勇氣和果敢冒險的精神。克服懼怕心理，勇於迎接挑戰，堅信自己一定能行，這恰恰就是成功者與平庸者的最大差

別所在。

（8）愛發脾氣

有些女性碰到問題時，常常習慣於先發一通怨氣，卻不懂得從問題的實際出發，尋找自身的不足，進而儘快解決它。凡在一家美資公司任部門經理，她一向以為人豁達開朗而受到同事們的誇讚。說到此事，她很得意地說：「以前我可不是目前這個樣子，很少有開心的時候，稍微不順心，就會抱怨不停，彷彿這個世界上所有的人都跟我作對，弄得自己事事都不開心。後來我終於意識到，抱怨絲毫不能有助於解決任何問題，唯有用積極的態度去面對，才是解決問題的可靠辦法。」

不論做何種事情，都需要具有良好的心態。用積極的心態去應對一切，自己就會成為一個快樂的人，也會給別人帶來快樂。

（9）不懂得說「不」

不少女孩子在工作中往往會做乖乖女。別人怎麼說，她就怎麼做，可結果大都是吃力不討好。君曾任職於一家大公司，當時她的工作主要是負責檔案整理和跑銀行等雜事。有一次，一位同事問她能否幫他複印幾百份的公司產品介紹。君看著自己手上等待處理的檔案卷，略為遲疑了一下，結果還是答應了，心想這應該不會佔用太多時間的。然而當君處理完自己手頭的工作，已經沒有剩餘的時間去複印了，以致不僅自己感到十分內疚，而且同事也很不滿意，在老闆眼裏，君成了缺少處事經驗，一味委曲求全，而擔負不了重要事情的黃毛丫頭。

可見，在接受他人或上司的委派時，根據自己的實際情況量力而行是最重要的，給自己增加太多額外的壓力，其結果往往是難以兌現自己的承諾。在他人面前做一個幹活漂亮、辦事高效、

精力充沛的人，這才是邁向成功的開始。

（10）辦事拖延

拖延而缺少具體計畫是職場一大忌。通常來說，女性做事是較為細緻的。可同時又不怎麼善於做高層次的計畫與統籌安排。另外對於一些自己難以勝任的項目總是先擱置一邊，等到最後關頭才草草從事，敷衍交差了事，這是自身在工作中缺乏積極主動性的不良表現。

要想真正消除這一障礙，首先就應該充分認清自己的實力，絕不擅自做太過高出自己能力範圍的事，其次要對細節深入周密考慮，統籌規劃，時刻提醒自己要思維敏銳，行動迅速果敢，追求高效優質。

Chapter 5

職場不相信眼淚：
女人的情緒EQ

作為職業女性，你一定要掌握控制情緒的能力，這樣才能盡情釋放你最大的職場魅力。

職場管理學常常會告誡職業女性，假如想在職場中表現得恰當，就一定要懂得控制情緒。原因是過於情緒化的反應，不但會損害女性經理人的自身形象，而且會影響團隊形象和公司業績。

女人，做你情緒的主人

在傳統觀念裏，人們一般認為女人是感性的，男人是理性的。相對男性來說，女性更善於表達自己的情感。可是作為職業女性，你一定要掌握控制情緒的能力，這樣才能盡情釋放你最大的職場魅力。

職場管理學中常常會告誡職業女性，假如想在職場中表現得恰當，就一定要懂得控制情緒。原因是過於情緒化的反應，不但會損害女性經理人的自身形象，而且會影響團隊形象和公司業績。

拿破崙‧希爾——成功學的創始人曾說過：「自制是一個人最難得的美德，成功的最大敵人是對自己情緒失去有效的控制。當憤怒時，無法遏制怒火，使周圍的合作者畏懼不已，只好敬而遠之；當消沉時，放任自己萎靡頹喪，讓稍縱即逝的機會白白浪費。因此我認為，職場成功的關鍵就是控制好自己情緒的能力。」

身兼酒店房務總監與人力資源總監雙重身分的霍淑芬，在這方面深有感觸。

在工作上選擇理性或感性時，要學會根據不同的人和事。「在執行公司政策和完成任務指標方面，要保持絕對理性，絕對控制好情緒。然而在員工管理上，女性經理人就要積極發揮女人的獨特魅力，多一些女性溫柔細膩的情緒來感化員工。」不過她同時指出，女性經理人一定要在情緒管理中掌握好恰當的尺度，假如在管理上一味過於理性，就會遭遇下屬的近乎本能地抵抗或畏懼；假如完全實行人性化管理，走到另一個極端，下屬往往就不肯聽你的，管理就導致混亂失控狀態。

「我時刻提醒自己要把工作和生活上的情緒嚴格區分開來，

也絕不允許自己將私人情緒帶到工作中。」自從當了經理人，霍淑芬一直都非常注意控制自己的情緒。原因就是她不想讓下屬看到她帶著自己的「情緒天氣」來工作。「倘若下屬看到領導是『陰天』，就會變得小心翼翼，不敢向你彙報遇到的問題，從而耽擱了團隊的工作進展。」

「情緒是人們對外界各種刺激的一種正常心理反映，有消極的，也有積極的，我會努力將積極的情緒帶到公司中，讓大家一起分享我的快樂。可是假如將消極情緒帶到工作中，就會很容易在工作處理上產生誤差，也會讓同事們不得不漸漸遠離你。」對這一點，霍淑芬深有體會。有一次，一名技術人員由於前一天工作到凌晨，第二天遲到，較大地影響了整個工程的預定進度。那天她正好情緒很不好，於是不由分說，狠狠罵了那名員工。結果沒過多久，這個員工沒有跟她解釋什麼原因就跳槽了。「這件事對我的觸動很大，因為我當時對自己的情緒完全失去了控制，而且又沒有跟他進行及時深入地溝通，結果就造成了公司人員的重大損失。」

如今每當情緒出現波動的時候，霍淑芬都要冷靜地坐下來，緩和一下，並分析具體原因。每天早上提前半個小時起床做瑜伽的她認為，消除壞情緒的最佳方式就是運動。同時，她也會適時向要好的朋友傾訴自己的苦惱，傾聽朋友的意見和建議。

霍淑芬很自豪地笑言，自己一年中有三百六十天都是陽光lady，在職場上一個很大的優勢，就是能夠很有效地控制和調節好情緒。每次當她快控制不住的時候，就喜歡獨自一人去海邊走一圈，慢慢享受溫婉海風的清爽味道。

進入機房一定要保持冷靜的林潔，很善於運用心理暗示法，在踏進機房的那一瞬間，她就告誡自己，用硬性規定來控制自己

的情緒。

「假如在某件事情上，我感覺壓力特別大，就會轉移到一些輕鬆或者比較容易做好的工作上來，這樣既可以化解自己的不良情緒，同時又沒耽誤其他工作項目的實施。」除此以外，張奕還說自己很喜歡通過吃巧克力的方法來緩解情緒，或者在辦公室裏一個人默默地流淚，「淚流完了，情緒也就消了」。

懂得控制自己的情緒

你如何才可以控制自己的情緒，讓每一天都充滿幸福和歡樂呢？請你一定要掌握這個千古永恆的秘訣：弱者任由思緒控制行為，強者用行為有力地控制思緒。每天清晨你醒來，假如你被悲傷、自憐、失敗的情緒包圍，那你就如此與之對抗：沮喪時，你引吭高歌；悲傷時，你開懷大笑；病痛時，你適時娛樂；恐懼時，你勇往直前；自卑時，你換上新裝；不安時，你提高嗓音；窮困潦倒時，你想像未來的財富；力不從心時，你回想過去的成功；自輕自賤時，你注視自己的目標。

你要知道，唯有低能者才會江郎才盡，你不是低能者，除非你使自己變為一個情緒失控的人。你一定要不斷對抗那些企圖摧毀你的力量，特別是隱藏在你心裏的頑疾。當你領悟了人類情緒變化的真正奧秘，那麼對於自己千變萬化的個性，你就不再聽之任之。你已經懂得，一個人唯有積極主動地控制好情緒，才可以主宰自己的命運。

一旦你控制了自己的情緒，你就主宰了自己的命運，也就能夠成為世界上最偉大的成功人士！

一般人們認為，快樂、憤怒、恐懼和悲哀是人類四種最基本的情緒。這些情緒與人的本能需要緊密相聯，是不需刻意學習而

就能表現出來，通常還具有高度的緊張性。情緒上的長期緊張和焦慮，通常會降低人體抵抗細菌和其他引發疾病因素的能力，特別是氣憤和懊惱的情緒，更是引起很多疾病的主要原因。「笑一笑，十年少；愁一愁，白了頭」，形象生動地說明了情緒與健康的利害關係。

調節和控制情緒十項法則

（1）轉移法

當火氣迅速上湧時，你要有意識地轉移話題或做點別的事情來分散注意力，這可使情緒得到有效緩解。在餘怒未消時，不妨通過看電影、聽音樂、下棋、散步等有意義的輕鬆活動，讓緊張情緒即刻鬆弛下來。

（2）宣洩法

人在生活中不可避免地會產生各種不良情緒，假如不採取適當的方法加以宣洩和調節，將給身心帶來十分不利的影響。所以要是你心中有不愉快的事情及委屈，千萬不要悶在心裏，而要向知心朋友或親人傾吐出來或乾脆大哭一場。這種發洩能夠快速釋放出積於內心的鬱積，對於人的身心發展是非常有利的。當然，發洩的對象、地點、場合和方法要適當，防止傷害他人。

（3）自慰法

當一個人追求某個目標而沒有得到時，為了減少內心的失望程度，常為失敗尋找一個冠冕堂皇的理由，以求得內心的安慰，就像狐狸吃不到葡萄就說葡萄酸的童話那樣，因此通常也稱為「酸葡萄心理」。

（4）語言節制法

一旦情緒激動時，可以默誦或輕聲自我警告「保持冷靜」、「不允許發火」、「要注意自己的形象和影響」等詞句，想盡辦法抑制住自己的情緒；也可以針對自己的弱項，預先寫有「制怒」、「鎮定」等條幅置於案頭或懸掛在牆上。

（5）自我暗示法

估計到在某些特定的場合下，很可能會產生較大程度的緊張情緒，就事先為自己尋找幾條不應產生這種情緒的有力理由。

（6）愉快記憶法

回憶過去經歷中碰到過的令你感到高興和自豪的事，或獲得成功時愉快滿足的體驗，尤其應該回憶那些與眼前不愉快體驗相關的過去的愉快體驗。

（7）環境轉換法

每當處在劇烈情緒狀態時，要暫時離開激起情緒的環境和有關人物。

（8）幽默化解法

增強幽默感，用寓意深長的語言、表情或動作，採用諷刺的手法，機智、巧妙地表達出自己的內心情緒。

（9）推理比較法

將困難的各個方面進行分解，把自己的經驗和別人的經驗相互比較，在比較中列出相同與不同的地方，從而尋覓到成功的秘密，堅定成功的信心，排除一切畏難情緒。

（10）壓抑昇華法

假如你不幸不受上司重用、身處逆境、被人瞧不起、感到苦悶等等，不妨把精力投入某一項你感興趣的事業中，通過成功來改變自己的處境和改善自己的心境。

如何克服不良情緒

（1）換個背景看煩惱

比如說平常我們所見的月亮，當它在高高的天空當中時，其背景是浩瀚無垠的宇宙，月亮相形之下就顯得特別小：當月亮剛出地平線，陸地上的房屋樹梢都在其左右成為一種對照物時，月亮在這些物體的襯托下看起來就顯得很大。因此如果你感到環境對你有一種壓抑感，或者你總為一些小事憂傷不已時，建議你不妨換一個更為開放廣闊的環境，以便淨化你的心境。

（2）明確行為和心態

煩悶是現代人帶有普遍性的一種「常見情緒」。在這樣的心境下，人彷彿對自己所能做出的所有行為都不能認定其積極的意義所在，因而表現出一會兒想做這個、一會兒又想做那個、一會兒什麼都想做、一會兒又什麼都不想做的人生混亂無序的狀態，以致總感到茫然無措和心神不定。因此產生煩悶的最直接因素通常有兩個：不明白自己應該做什麼，或者不清楚自己所做的事是否值得。

（3）工作最容易令人開心

工作本身儘管通常並不能直接給人帶來樂趣，然而工作的性質，卻使人們要面對或參與一種具有挑戰性且帶有技能與技巧的

活動，於是它便能使人獲得無窮的樂趣。因此要想從根本上消除不良情緒，就一定要從自己的工作入手，在其中傾盡自己的全部熱情、責任心和智慧，使工作變成一種對自己充滿挑戰性與刺激性的活動。

你還可以想方設法不斷提升自己，以使自己的心境跟工作要求相符合，或者乾脆改換崗位去做更適合自己的工作。總之，每個人都需要通過從事自己所熱愛的工作，來持續深入地發現、證明、創造自己，充分運用自己的心智、挖掘自己的潛能，如此就能最有效地消除煩悶情緒。

（4）豐富的業餘生活

如今有很多人，閒了就通過看電視、讀小說、閒聊來消磨時間，業餘生活安排得過於單調枯燥，其結果常常是別人活得越輝煌燦爛，就越覺得自己生活得渺小無奈。因此在業餘生活中，我們同樣應該具有一種積極向上的、富有創造性的挑戰精神，讓自己的生活過得豐富多彩、妙趣橫生。

（5）快樂從家庭開始

每個人的一生當中，大部分的時間都在家中跟家人一同渡過。努力營造一個溫馨幸福的家庭環境，會使你最快地解除煩悶的情緒。

（6）宣洩你內心的憂傷

一個世紀以前的英國詩人威廉·布萊克，曾寫一首與自我宣洩有關的著名的詩，詩名是《毒樹》。詩的第一節告訴我們傾訴的重大意義：「當我對朋友感到憤怒，我說刪除憤怒，它消失了；當我對敵人感到憤怒，我沒有說出，它滋長了。」當然，憂

傷情緒的消除，光依靠自我宣洩是不夠的，還一定要加強意志力的鍛鍊。音樂家貝多芬曾經說過：「卓越的人一個最大的優點是在不利的艱難境遇裏，始終百折不撓。」

（7）懂得微笑

微笑，不只是一種情態，更是一種心態，是一個人的情感意識和相應智慧的綜合。莎士比亞曾說：「假如你一天中沒有笑一笑，那麼你這一天就算是白活了。」美國一位心理學家認為：「微笑，是衡量一個人能否對周圍環境適應的尺度。」這話自然有點誇張，可真誠的微笑，確實能夠感染他人。微笑是一服「良藥」，微笑是所有人健康的「通行證」，微笑是世界上最廉價、最快捷的「滋補品」。你不妨時時保持笑口常開，用微笑去調節紓緩緊張的情緒，讓他人從你甜美真誠的微笑中，獲得輕鬆和愉悅。

（8）感受快樂

實際上，苦累和快樂是相伴而生的，在苦累中尋找快樂，未嘗不是一種高品味的人生境界：快樂屬於我們所有人，它與物質財富的多寡並沒有實質性的關係；快樂是一種感受，只有感覺到，才能享受到，這就是說只有知足才能常樂；快樂是一種修養，一種大器，只要你對別人存有顆寬容的心，只要你對生活持有一份欣賞的情，你就會感知快樂，享受快樂，擁有快樂的人生。

學會管理你的情緒

我們通常都會遇到心情低落的時候，感到自己很可憐、很糟糕、很差勁，或是很倒楣，彷彿整個人都陷在生命的谷底，被一

片愁雲慘霧濃濃地籠罩著……這時，有的人很快地找到了輕鬆與平靜，回到原有的生活之中；有的人卻很難回得去，在情緒之海裏面苦苦掙扎，無論怎樣也游不到對岸，往往因為一時衝動而失去一份好工作，破壞一段好婚姻，甚至斷送一生美好前程，或者一直活在後悔、抱怨、憤世嫉俗之中。

快樂是完全能夠自找的，情緒是能夠管理的。假如我們能調整、管理好自己的情緒，就有彩色、美好的人生。情緒可以決定你的命運，做好情緒管理關係到你一生的幸福與美滿。

「情緒管理」就是以最恰當的方式來表達情緒，如同亞里斯多德所說：「每個人都會生氣，這確實不費力氣，然而要能適時適所，以適當方式對適當的對象恰如其分地生氣，可就實屬不易。」因此情緒管理指的是要適時適所，對適當對象恰如其分表達情緒。

情緒管理是一門學問，也是一門藝術，要掌控得恰到好處。所以要成為情緒的主人，首先要覺察自我的情緒，同時能覺察他人的情緒，進而能管理自我情緒，特別是要常保鮮活的心情面對人生。

（1）選擇情緒

一個人越懂得選擇情緒，也就是越能保持美好心情。這樣其人生不但更加豐富，而且每天的日子會過得相當快樂。因此當我們心情不佳時，如能換個心情，以愉快的情緒來取代不愉快的情緒，將會更少地呈現出負面的情緒。譬如說本來今天早上出門時間比較晚，上班已經快遲到了，偏偏一路上又不停地遇到紅燈，加上越急心情越不好，假如此時改變一下情緒，覺得難得有此機會利用紅燈時間欣賞路旁街景，心情就立刻轉變向好。

（2）冷卻或轉移注意力

有人問一位西藏高僧應怎樣處理憤怒，他答覆說：「不要壓抑，可是也不能衝動行事。」可以說，一個人遇事立刻發洩怒氣，將會使憤怒的情緒更加延長，倒不如先冷卻一段時間，讓心情先平靜下來，然後採取較建設性的方法去解決問題。可見平息怒火其中一個方式，是走入一個怒火不會再激起的場地，使激昂的生理狀態逐漸冷卻。當心情非常氣憤或沮喪時，不妨考慮與家人一起到外面吃頓美餐，或獨自一人到公園散步，放鬆心情。總之，暫時把煩惱拋諸腦後，待情緒好轉時，再重新出發。

（3）適度表達憤怒

情感平淡，生命會變得枯燥而無味，太極端又會變成一種病態，比如抑鬱到了無興趣、過度焦慮、怒不可遏、坐立不安都是病態。因此我們要像亞里斯多德所強調的「適時適所表達情緒」。每當很氣憤時，也不要過度壓抑，而應該以較不傷人的方式適度表達內心的氣憤，要有像柏拉圖所說的「自制力」，即適當控制自己的情緒。這並非情感壓抑，而是避免一切過度的情緒反應。其次再以較不傷人或較合理方式來適度表達內心的憤怒，如到知心好友那裏傾訴內心的怒氣，或把內心不快樂的感覺寫在日記上等方法，都非常有助避免與人發生直接衝突，而且也是另一種宣洩情緒的方法。

（4）使用替代想法或理情治療法

理情治療法主張人的理念、信念會主宰他的情緒。倘若不好或不合理的信念一產生，情緒會產生較大的波動。所以常保持良好或善意的理念，情緒也會較穩定。如失戀時，心情非常沮喪、傷心，覺得「對方離開我，因為我一無是處，令人嫌棄」，假如

太過沉浸這種思想中，一定傷心失望到極點，甚至難以自拔，此時可以改變一下想法，認為是雙方不合適，而不是自己條件差，沒人喜歡，則心情會得到好轉，並能重新振奮起來。

（5）自我教導法

改變自我情緒、提高自信心的另一種方法，就是自己找一句座右銘或對自己說一些自我肯定的話語，以時刻不斷激勵自我。例如當聽到別人在背後批評你的不是時，心裏難免忿忿不平，這時可以告訴自己：「我並不像他們所說的那樣，我不必介意他們的話，我也不需要浪費精力跟他們一般見識。」如此心情自然會迅速改善。或者當我們遇到挫折、心情陷入谷底時，可以告訴自己：「要重新站立起來，天下無難事，只怕有心人。」為自己生命注入一劑精神強心針。

摒除厭職情緒，做個職場活力人

在職場生涯中，幾乎每個人都有過或大或小的厭職情緒，尤其是那些剛剛走出校門初入職場的新人。初出校門，習慣了校園自由空間的他們，不能儘快地適應辦公室的束縛，又或者是由於自命不凡，而四處碰壁。在這樣的情況下，難免會對現在的工作有些看法，顯得有些灰心喪氣。這一類群體中，尤其以女性居多，畢竟多數女性對新環境的適應能力天生不如男人那樣強大。可是只要你有信心，你同樣能夠在最短的時間內適應新的工作環境，迅速找到自己的感覺，全身心地投入到工作之中。

那麼怎樣摒除這種厭職情緒，迅速進入工作狀態，做個充滿蓬勃朝氣的職場女人呢？

（1）自信多多

每天早上起來，梳洗完畢，對著鏡子裏那個嬝嬝婷婷的自己大聲朗誦：「我很好，我很好，我真的，真的，真的很好！」一位心理專家說，這是開發自我潛能行之有效的手段之一！

有自信的女人，不會整天張狂霸氣，大喊女權至上。超越男人的方法，並非將他們壓迫在自己的霸權之下，而是活得跟他們一樣地舒展、自信；也並非整天要向男人發出挑戰書，或者擺出一副「皇帝輪流坐，今年到我家」的進攻姿態。和諧、平等與互助的兩性關係，才是社會進步的重大動力。自信，不是自大，自信是相信，也唯有相信才會幸福。女人的力量猶如「百煉鋼成繞指柔」。

（2）尋找工作外的成功

將自己的愛好和業餘活動當成本職工作那樣認真對待，並同樣引以為豪。不少人只把辦公室的成績看成真正的成功，結果這些人唯有事業上春風得意時才會開心滿足，而當工作遇到麻煩時就感到羞辱。假如你將自信同時繫於其他方面的進展，則工作受挫時，就容易保持積極的心態。

（3）試著對別人微笑

假如你每天早晨一想到上班就感到害怕，部分原因很可能是你與周圍同事相處不好。儘管你不喜歡跟他們一起工作，然而最低限度也應該跟他們積極相處。當你在電梯裏對人微笑時，別人也會報以微笑，在辦公室也是如此。以禮相待是人的本性，想同平時不理不睬的人，一夜之間就建立親密關係是不現實的，但如果你真誠地去改善關係，你的同事遲早會感覺到這一點。倘若你對周圍一切都心存厭惡，你就更要用一種積極的方式與人交談，談一些你喜歡的事，至少你可能會找到與同事的某些共同點。

（4）寬容，允許不同生活理念的存在

大千世界，形形色色，無奇不有，奇聞怪事出現又有什麼關係？世間萬象，本來也沒有對與錯的絕對概念。或許身邊的朋友通過嫁人而衣食不愁，可你偏偏相信女人要靠自己一步一步穩紮穩打。鄙視她嗎？或者從此敬而遠之，斷絕這份情誼？聰明的女性不會如此，她首先問問自己：她這麼做對我有什麼影響嗎？沒有，好，人人有自己往高處走的方法，或許殊途同歸，最終我們會站到同一個制高點上。新新女性懂得包容，懂得尊重別人的選擇，也認同別人的生活方式。

（5）完整獨立的自我

每個活力女性都有完整獨立的人格。在經濟上，她不依靠哪一個人，因為她知道堅實的經濟基礎，是維護自我尊嚴的前提基礎。通過經濟的獨立，她享受著成就的滿足感。在精神境界，她不是某個男人的附屬品，懂得通過交友、讀書、娛樂，充實自己的內心。因此哪怕沒有愛情的滋潤，依然活得自在而遼闊。她不為不愛自己的男人而輕易流淚，也不會由於男人的承諾而用一生去等候。她，只相信自己，不依賴他人也可以活得很好。

（6）活力四射

將全副精神用來打理事業。踏實，勤奮，就算只是一份工作，也會用對待事業的熱忱去盡心經營。做一個有幹勁的女人，並非叫你在事業上與男人鬥個你死我活，而是要你問問自己：從第一份工作開始，我是否已經為自己設定一個奮鬥的目標？我想要的究竟是什麼？

男人會酸溜溜地說：「成功女人，一定同時面對情感上的挫傷。」就算如此，她們依然會善於將挫折轉化為推進事業成功的

強大動力，至少她們不會一蹶不振。

她們明白，每天規規矩矩地上下班是遠遠不夠的。對事業，懷有一些野心很好。女人，要學會用得體的方法給自己爭取更多的成就。

（7）我們每天在進步

置身當今日新月異的科技世界，不進則退。活力女性深知這一點，因此她們不斷自我充實，提升自我的知識和技能。她或許沒有天生的優勢，然而絕對相信後天的創造。她比男人更加努力進取，並非對自己沒信心，而是比男人更充滿雄心。於是男人開始有緊迫感。

（8）幽默是最大的智慧

陰沉，是內心的病症。臉上的笑容不但傳遞著心裏的歡愉，也是贈送給世界的一份美好禮物，因為笑容可以傳染。缺乏幽默的態度，不懂得自嘲，心事永遠打著死結，擁堵於胸，一生得不到快樂。新新女性懂得幽默，懂得自我開解，懂得原諒，懂得放鬆。因為她把快樂放在自己手心，不繫在別人的言行上。

（9）美麗是永遠的追求

女人貪心，當然，對美一定要貪心。女人的美麗不一定天生麗質，但肯定知道怎樣裝扮自己。讓每一天的心情跟著衣妝一起亮麗起來。她們美麗著，不為取悅男人，不是虛榮的表現，是女人熱愛生活與維護自尊的表達。

學會控制自己的眼淚

女性較會表達自己的情感，因此情緒比男性穩定，健康情況

較好。可是女性所習慣的紓解方式——哭泣，卻容易在職場上被看作為軟弱或情緒化，甚至是威脅。

「我很怕女同事哭，她們一哭，我就束手無措，彷彿我做錯了什麼事。」一位男性主管害怕地說，「但這也讓我感到，愛哭的女性好像不能擔當重任。」

職場顧問蘿琳在《女強人手冊》一書中不斷提醒女性，哭沒有什麼不妥，但假如想在職場上表現得宜，「一定要學習控制自己的眼淚」。作為職業女性，你不能還像長不大的孩子那樣，動不動就流淚。你要知道，在職場中許多事情不是由於你的眼淚而得到改觀，甚至還會讓你的同事和競爭對手笑話你。因此我們說女人在職場中，不要輕易讓人看到你的眼淚。

曉靜是一家公司的行政經理，二〇〇五年畢業，有著經濟和法律雙學位的她，卻只能進一家研發公司做行政秘書。她當時鬧情緒，加之工作不熟，總是難免遇到委屈。因此躲到複印室去暗暗抽泣也就成了常事。有一天，當一位跟她同時進公司的研發部同事興致勃勃地炫耀她被評為優等，還要加薪時，曉靜心裏的隱忍在一瞬間突然爆漲開來。淚水馬上就要流下來，怎麼辦？怎麼辦？她推開椅子向外衝去，想用手上的文件來掩飾臉上的淚痕。此時，主管出現在她面前，拍拍她的肩，輕聲說：「曉靜，你應當去洗手間，哭出來就會好得多。」

她捂著臉，飛快地衝了出去。站在鏡子前，曉靜讓哭泣毫無顧忌地響在空洞的洗手間裏……過了好久，有一隻溫柔的手遞過來一張面巾紙，是主管。淚水模糊中只聽到主管柔聲說：「哭吧，有什麼事別老忍著，我平常看你總繃得緊緊的，還不如哭出來釋放一下壓力……」

當抽泣聲慢慢停止後，出人意料的，曉靜覺得自己數個月以

來的鬱悶心情居然一掃而空了。她開始鄭重地思考這個問題：想哭的時候，到底應當強忍著還是哭出來？最後，她下定了決心，絕不再當眾哭泣，不過總給自己一個空間，想哭就哭。

如此強烈的心理暗示在她的職業生涯中發生了巨大效用，從那天起，天大的委屈，她都有辦法把自己至少先安頓到洗手間。半年之後，由於工作出色，她被派往印度做新部門的行政經理。

職場少見憐香惜玉，儘管常常會忍不住鼻子發酸，然而更清楚哭出來不但不能引來同情，還常常會被人恥笑。

儘管不至於打落牙齒和血吞，可是想做女英雄，就要懂得控制眼淚。現在就讓我來幫你刪除不必要的淚腺，做個只見風雲不見雨的職場佳人！

（1）受到委屈想哭怎麼辦

知不知道為何男人一哭就很管用？因為「男兒有淚不輕彈，要彈必是傷心時」，因此他們要是受了不平待遇，偶爾哭一次不但沒有關係，反而會被讚為「真情流露」。而女人就不同了，他們會說你「沒有一點承受挫折的能力」！

男人一百次的委屈中哭一次是好事，而女人只要哭一次，別人就會以為你一百次的委屈每次都會哭！

所以遇到不平待遇之時，還是先忍下這口氣來吧，告訴自己不哭的話，後面就有甜頭嘗。假如在男人都想哭的時候，你還能夠保持鎮定，他們會覺得你很不簡單的，下次，就再不敢給你苦頭受。

（2）哭能幫我更快做好事情嗎

都說女人的眼淚是最有用的武器，然而倘若你不會運用的話，可能會犯錯。男人們會認為你用眼淚在要脅，女人們會認為

你在博取同情。如果實在是辦錯了事，快點自己動手解決它，不要站在一邊哭哭啼啼地等騎士來幫忙——如果有那份精力，你的事情早就處理 OK 了，不用被別人看成「出了事只會哭，什麼也不會的笨女人」。

一定想哭的話，也要在解決事情後再哭，而且不管怎樣都不要在辦公室裏哭，去洗手間，到街上，或者回家再哭，哭完了記得重新上好妝，彷彿什麼也沒發生過。你可以用各種方式來轉移注意力……不過，絕不要在別人面前哭！

（3）倘若流淚的話，會不會有同情分

凡是不能肯定淚水能給你帶來絕對利益的時候，都不要哭。職場上的同情心從來就少，用哭來賺分數的辦法，尺度一旦拿捏得不好，就會被男人看不起，引發他們的輕視。假如真正覺得男女平等，就應當在職場上也用同一標準來衡量，假如沒有人因為流淚能從你這裏拿到同情分，你也同樣。

做一個職場情緒「環保者」

職場是最易滋生怒氣的地方，你是不是常在辦公室大發雷霆，成了眾人閃避的刺蝟？或是心中怒火常常無處釋放，最後燒到自己或家人？這種「情緒污染」很可能成為辦公室的情緒「環保破壞者」。那麼不妨從今天起，學著做一個辦公室的情緒環保者。

（1）懂得控制憤怒

通常來說，工作時遇到挫折、能力不被重視、和同事間鉤心鬥角、惡性競爭，或是公司制度和環境不夠健全、開放，失業率高漲等，都是引發職場憤怒的重要原因。

除了外在因素，自身的問題也很關鍵，像精神方面的疾病，

例如躁鬱症、精神分裂症；此外，太過委曲求全、覺得自己在為別人犧牲的心態，或喜歡控制、指使別人，也容易造成職場憤怒。

憤怒是一種情緒，來自於外在的刺激與自我的認知之間的矛盾，不可能憑空消失。憤怒的情緒若處理不好，會有許多負面影響，除了自己不開心，也容易得罪別人，使人際關係變差，導致工作不順利，甚至職位不保丟掉飯碗。另外，憤怒也會帶來身體上的負面效應，如失眠、胃痛等。

對於憤怒情緒，平時要培養正面的管理方式。懂得用同情心對待別人，多站在對方的立場著想。懂得尊重別人，學會謙虛，並且不吝於道歉，從而避免破壞人際關係。

同時，選擇適合自己的情緒管理方式也很重要。建議通過肌肉放鬆法和深呼吸來調整，也可以通過冥想方式幫助紓緩情緒。幽默也有消除憤怒的功能，可以幫助自己從負面的想法中得到新觀念，更是人際關係的潤滑劑。不想當愛生氣的上班族，就要時時提醒自己：「發笑比發怒有益健康。」

此外，多出去走走與運動，都是調適壞情緒的好方法，讓憤怒隨著汗水從身體上流走，重新出發。一位哲人曾說：「憤怒才是人類真正的敵人」，學會管理憤怒這個職場大敵，可和提高工作效率一樣重要呢。

不過發洩憤怒情緒也不全然是負面的。憤怒有時是為了維護自己的權益，以此挽回控制權，提高心理地位，同時也警告對方勿侵犯自己的底線。

（2）遵守社會遊戲規則

發洩完了，自己當然輕鬆了，然而要記住人際關係必然有其

必要的距離感。負面情緒像流行性感冒一樣，會傳染給別人。假如你真有不快，可以找值得信賴的好朋友聊聊，或者找專業的心理醫生聊聊。多選擇那些獨立自我超越鬱悶的活動，比如出外吹風、運動等，如此會鍛鍊你自我消化情緒垃圾的能力。

（3）學一些幽默笑話

幽默的天才不是每個人都可以具備的，但勇於講話是第一步。辦公室那個幽默的人，總是會成為更多人關注的中心。因此不妨從今天開始，苦練幾招幽默的本領，要是不會，至少要勇於參與辦公室的笑話場。

（4）走出心理自虐期

假如你總是把自己想成是全世界最悲慘的人，你是辦公室裏的「竇娥」的話，那麼你就會總有冤屈在心裏。漸漸地，你自己可能都有一種錯覺，你就是全天下最悲慘的人。

為何不想像著自己是那個幸運的人？學會感恩和珍惜，如此你看上去是不是氣色好多了？你的臉上是不是就會充滿由心裏所昇發出來的知足和快樂？

（5）公私領域要一視同仁

環境破壞者中有這麼一類人，他們在收拾自己的家時，乾淨整潔，不留一絲瑕疵。然而在公眾場所，他們常常肆無忌憚地破壞環境。職場中的環保者，通常也認為工作場合是一種公眾環境，所以需要自己好好愛護。

是的，我們喜歡讓自己的家充滿歡聲笑語，覺得那才是幸福，為何不讓辦公室也像家一樣，總是歡聲笑語，陽光明媚？畢竟你一天中有大部分的時間是在辦公室裏渡過的。

Chapter 6

做個職場麗人：
女人的魅力

　　美麗的容貌似乎總能助職場女性一臂之力，職場美女的身邊，也總是少不了獻殷勤的男同事，甚至引起上司的刮目相看。然而，美麗的職場女性與她們的職業能力，卻處在一個十分尷尬的境地：她們事業有成的時候，人們總是將成功歸功於她們的容貌，她們的工作業績在人們的眼裏，因為長得美麗而大打折扣。這種觀點往往成為了人們的共識。

塑造你的職場形象

不管你現在從事什麼職業，也不管你現在處在什麼職位，穿出這個職位應有的形象，這是你邁向成功女性的必備條件。

塑造專業形象——職場新人的著裝秘訣

踏入職場的第一天，便是建立你的專業職業形象的第一天。所以在你準備去公司赴職前，要好好設計一下你的穿著形象。如果你的置裝費用有限，就多花些心思考慮一下服飾的正確選擇和搭配，並且把目標鎖定在「穿出專業形象」上。以下提供給你專業穿著的三個著裝原則，讓你在最短的時間內打造一身專業與得體的服飾。

（1）場合決定穿著原則

衣服的選擇與搭配，要把握住「場合決定穿著」這一基本原則。如果你今天要出席正式會議，你可能需要找出衣櫥裏最正式的套裝；如果你要去拜訪一位老客戶，襯衫加西裝褲的裝扮也許是最適宜的選擇。

（2）「化繁為簡」穿著原則

「化繁為簡」穿著原則，就是要讓你的穿著搭配由大面積到小面積進行修飾。例如當需要穿套裝時，先決定好要穿的套裝，然後選擇可以與之搭配的上衣，接下來是飾物、鞋子等配件。如果不打算穿套裝，可以先決定好下半身的裝束，因為下半身決定了今天的「活動主題」。例如牛仔褲讓你看上去十分放鬆和休閒，西裝褲則顯得既正式又方便，而短裙子活潑輕巧，長裙看起來優雅飄逸。所以要仔細想想今天會是什麼樣的「活動主題」。下半身決定好後，接著就開始打造上半身啦。上半身決定了今天

你想帶給別人一種怎樣的「感覺」。例如同樣是穿西裝褲，你想要正式帶浪漫、正式帶輕鬆、還是正式帶活潑的裝扮感覺呢？你就可以依據這些想法選擇適當款式和顏色的上衣了。全身衣服打點好後，緊接著是身上配件的選擇搭配。選擇配件時，要反覆地問自己：我選擇的配件和整體造型協調一致嗎？它們可以讓我的服飾看來更有質感呢，還是讓服飾整體降分了呢？

（3）彩妝與髮型的搭配原則

身上的服飾打扮好後，別忘了一項特別重要的程序：髮型和彩妝的造型。一個人的頭部造型是決定你看起來是否精神煥發的重要因素，更是讓你整體看起來是否協調完美的關鍵一環，尤其對女性而言。所以要注意「彩妝與髮型的搭配」原則。得體的髮型和彩妝，將為你的著裝「錦上添花」。例如潔淨俐落的髮型，可進一步提升上班穿著的正式感與專業程度(不管此時你是否穿著套裝)；有曲線感或較女性化的髮型，則能讓你的整體裝扮看起來更柔美。而如果頂著一頭又「怪」又「亂」的頭髮，那麼身上穿得再漂亮、再專業也無濟於事了。此外，彩妝也非常重要。建議你多學幾種化妝的方法，並隨著穿著不同的品味，稍微改變彩妝的風格。千萬別小看了這些小細節哦，彩妝與髮型和穿著的關係是乘法關係而不是加法關係，有一樣是零，整體就是零！

重塑個人新形象——中級主管的著裝秘訣

你的職位升級了，穿著也要跟著一起升級呀！對鏡觀照一下：自己看起來是否有「主管相」呢？如果答案不夠堅定、不夠自信，請你務必讓你的衣櫥來一次徹底的「改頭換面」，添購一些更適合你現在職位的衣服。若你無法客觀評價自己，建議你找

來身邊的幾個好友一起幫忙看看，自己的著裝是否適合所處的職位。還可以拍幾張相片，站在一個旁觀者的角度看看自己在相片中的穿著像是什麼身分、地位與職位的人。這樣也便於在採購專業行頭時把準對自己的「定位」。請你特別要將心思定位在選購讓你看起來既專業、有權威又美麗的行頭。

生活中許多女性在選購衣服時，常常很看重衣服的價格和品牌。所以在這裏我要提醒廣大女性朋友的是除了「習慣性價位」之外，更要把焦點放在這件衣服你穿上後是否合身？是否好看？是否符合你的品味？同時也要看仔細衣服本身有沒有瑕疵？如果這些標準都達到了，就算貴了點也是值得的。你完全可以把這視為對自己事業、專業形象的投資，況且你今後會常常穿它，投資的回報率可不小呢！

此外，這裏要特別提醒中級主管的是千萬不要以為只要穿上名牌服裝，身分就會隨之高貴起來。穿名牌是否好看和高貴，也是因人而異的。因為一件名牌服飾穿在你身上，是因為你穿起它顯得非常好看、非常有品味，而不是這件名牌衣服本身多麼好看或多麼高貴。

如果你的經濟不是問題，從名牌服飾上去學習並習慣它的觸感、質感與剪裁，是建立女性衣著品味最有效的辦法之一。但是千萬不要太過於「迷信」它們了，每次在你購買之前請你三思：假設你事先不知道這是一件名牌衣服，你依然會覺得它是一件好衣服嗎？你穿上它後真的感覺很好嗎？它與你真的如此的般配嗎？如果你的答案是肯定的，再買也不遲。

塑造權威感——高級主管著裝秘訣

身為高級主管，你的一舉一動、一顰一笑，都在影響著你的

下屬。無論是你的行為還是穿著，無形中都成了同仁們仿效的榜樣。你的著裝態度如何，是相對輕鬆還是較為規矩，其實也是對下屬穿著「無聲的要求與期許」，更重要的是你的這種態度，正直接或間接地影響著整個企業的文化以及企業的形象。許多員工也常常私下裏議論自己的老闆是否穿著高貴而富有氣質，然後無形中就效仿起來。同樣，對高級主管女性的著裝也提出以下建議：

（1）套裝的選擇和穿著

選擇套裝時最好是選擇上下身顏色要一致的全套套裝。上下身同色的「全套套裝」，是大部分企業裏高級主管們的首選。因為還沒有哪一種服裝，能夠像全套套裝那樣讓職業女性們一眼看上去既幹練、俐落、自信，又能夠煥發出不可言喻的權威感。尤其是在企業文化比較保守的行業，穿著全套套裝是女性主管最不容易出錯、最完美的打扮。

（2）外套的選擇和穿著

有些企業並不要求穿著正式的套裝，或者說穿得太正式了反而不太合適。所以你的穿著也許該相對輕鬆一些，自然一些。在這裏，我建議你在休閒的襯衫、洋裝、線衫或其他款式的上衣外面，再套上一件西裝外套或針織外套，這會讓你原本較為輕鬆休閒的感覺變得正式了一些，你的權威架勢也能夠自然而然展現了出來。這關鍵也在於你如何把握著裝的度。

(3)首飾的選擇和佩戴

首飾的選擇也至關重要。除了要以其信得過的品質取勝之外，更要考慮到其「材質」和「色澤」是否與你的膚色相匹配，

以及其尺寸大小是否符合你的臉龐、身材和你的整體感覺。通常作為高級女性主管，你的首飾最好是大一點，方能顯示出你的「權威感」。足夠的合理的首飾與你得體的衣著搭配在一起，會吸引足夠多的人的目光，你也因此成了大家關注的焦點——你是那樣的亮麗、高貴，讓人震懾，讓人感歎。當然，你的權威性也隨之提高了。

(4) 中性色服飾的選擇與穿著

這一點也非常重要。女性高級主管外表的威儀來自於黑色、灰色、深藍色、咖啡色系等中性色服飾的襯托和點綴，這很值得高級主管投資哦。

(5) 彩妝的合理運用

「女為悅己者容」是每一個女性朋友都會做的事兒，但如何讓你的妝容真能悅己悅人，學問可不小！一個女人的自我修飾細心與否及其職業的態度如何，可以體現在一副自然淡雅的彩妝中。彩妝應用是否得當，可以引導旁人的觀感，你的眉形、眼影、腮紅、口紅的顏色與線條等等，都能表現出程度不同的權威感，十分值得女性白領族們好好研究與練習。

相信你就是自己奇蹟的創造者，在創造奇蹟的過程中，你所選擇的衣服飾物，定會帶給你無窮的力量，而你呈現在世人面前的美麗形象，將會提升你的人格美，也因此幫助你實現自己的夢想！

穿出職業套裝的魅力

優雅、端莊、素麗的職業套裝是永恆的經典，因為它更能充

分發揮女性淑女的魅力，恰到好處的裙式服裝，能夠充分展現女性的美感與清麗的風采。

工作場合著裝是很講究的，你的著裝一定要有別於其他非工作場合。因為你的形象代表著一個公司、一個組織的形象，你的最佳選擇是簡潔、大方、純淨、素雅的風格。女性套裙以其嚴整的形式，多樣卻不雜亂的色彩，新穎卻不怪異的款式，成為了女性朋友們最得體最規範的工作服。

套裙有兩件套和三件套之分，包括上裝和下裝。套裙的上裝主要以西服式樣居多，也有圓領、V字領等式樣。上裝，也叫上衣，它的長度也比較靈活，既可短至腰際，也可長及臀部以下；下裝是長短不同的各式樣裙子。套裝的整體沒有多少變化，但套裝上衣的衣領、袖口、衣襟、衣擺、袋蓋，下裝的開叉口、收邊位置等等，都須考慮在內，這就能充分顯示女性的細緻週到之處，而且別人也能從這些細節處看出你的個人風格。

職業套裙的選擇既不能像時裝一樣趕潮流，又不能顯得庸俗乏味，不然就體現不出女性柔美、嫵媚、優雅、輕盈的特質。因此要特別注重套裙的色彩和款式的搭配，才能突出你著裝的不俗效果。

王小姐在一家外貿公司裏工作。有一次她代表公司前往大陸南方的某城市參加一個大型的外貿商品洽談會。為了給外商留下美好的印象，王小姐為自己的行頭做了一番精心的準備。洽談會上，她特意穿了一件粉色的上衣和一條藍色的西褲。然而，讓她感到詫異和不解的是不少外商對她敬而遠之，甚至不情願與她正面接觸一下，這是為何呢？

原來問題出在這位王小姐對世界上商界女士的著裝規範瞭解不全，國外商界人士的著裝，向來講究男女有別。傳統的商界人

士一直堅持認為，在正式場合身穿褲裝的女性，大都是缺乏商界職業女性個性魅力。他們認為商界女士在正式場合身著裙裝為最佳，凡褲裝都是不宜選擇的。這種狀況是國外的傳統，近年來雖稍有改變，但絕大多數人依舊堅持己見。不僅如此，商界人士還約定俗成地認為，在所有適合於商界女士在正式場合所穿著的裙式服裝之中，套裙又是其中最佳的選擇，套裙就是商界的職業女裝的代表。

　　套裙，是西裝套裙的簡稱。其上身為一件女式西裝，下身是一條半截式裙子。準確地說，女式西裝其實最早是由男式西裝演化而來。前者只不過是後者的一個改良後適合女士穿著的「變種」。之所以有這樣的一種「蛻變」，是因為一旦將瀟灑、剛健的西裝上衣與柔美、雅致的富有女性化服裝的裙子組合到一起，二者便產生了巨大的效果，一種中國哲學上最流行的「和諧」之美：剛柔相濟、相得益彰、大放異彩，套裙也就因此應運而生了。

　　在日常生活中，將職業套裙穿在任何一位商界女士的身上，都無一例外地會使之變得容光煥發、神采奕奕。它不僅使得著裝者看起來精明、幹練、成熟、灑脫，更能烘托出白領麗人們所具有的獨特風韻：優雅、嫻淑、嫵媚。所以許多人曾感慨道：「看著一位身著得體套裙的職業麗人，你馬上有一種強烈的感覺：她是那樣與眾不同，從她的服裝中你可以看出她嚴謹的工作態度與溫婉的女性美」。無論如何，不容置疑的是在塑造商界女士的職業形象上，套裙可立下了大功呢。迄今為止，就「包裝」商界女士而言，還未找到其他任何一種女裝，能夠與套裙媲美。

　　以往商界女士所穿著的套裙，大致上可以分成兩種基本類型。一種是用女式西裝上衣和比較隨意的裙子進行自由搭配與組

合。這可稱之為「隨意型」。另一種女式西裝上衣與裙子均是由服裝設計師成套設計、製作而成的套裝，可稱為「成套型」或「標準型」。嚴格來說，職業套裙僅僅指後一種類型。

套裙，顧名思義，它應當以下身的裙裝為主、成套穿著。也就是說沒有裙子的套裝，不應當稱為套裙。由自己設計搭配的並不配套的上裝和裙子也不能算作套裙。這一點應當引起商界女士的特別重視，以免出現了交際上的笑話。

再者，每一套正宗的套裙，一般都由一件女式西裝上衣和一條半截裙所構成的兩件套女裝。有些時候也可以見到三件套的套裙。它只不過是除女式西裝上衣與半截裙以外，再加上一件背心而已。自從套裙問世至今，占主導地位者一直都是兩件套套裙。

要真正發揮套裙的最佳效果，是看它能否烘托出著裝者文靜、優雅和嫵媚女人味來，要注意的幾點是：

（1）長短要適度

①一般情況下，套裙的上衣最短可以齊腰，而裙子最長則可以達到小腿中部。穿著時小腹不能外露，不然是極度不雅的。

②上衣的袖長以恰恰蓋住著裝者的手腕為佳。上衣或裙子均不能太過寬大，否則就凸顯不出你的幹練作風。

（2）穿著要到位

①上衣的衣領要完全翻好，衣袋的蓋子要拉出來蓋住衣領。

②不要將上衣披、搭在身上，要穿著整齊。

③裙子要穿得端端正正，上下對齊。

（3）衣扣要扣緊

①在正式場合穿著套裙，上衣的衣扣必須全部扣上。

②不要將上衣部分或全部敞開，不要當著別人的面隨便脫衣。

（4）場合的考慮

①在各種正式的商務交往及涉外商務活動中，應該身著套裙。

②在出席宴會、舞會、音樂會時，可考慮選擇與此類場合相協調的禮服或時裝。

（5）妝飾要協調

①高水準的著裝打扮，講究的是著裝、化妝與配飾風格的統一、相得益彰。

②在穿套裙時，不能不化妝，但妝容宜淡不宜濃。

③不可佩戴與個人身分不適合的珠寶首飾，也不宜佩戴過度張揚的耳環、手鐲、腳鏈等首飾。

（6）搭配好襯衫

①襯衫的面料要輕薄柔軟，如真絲、麻紗、府綢、滌棉等。

②襯衫色彩以單色為佳。除白色之外，其他色彩，如與所穿套裙的色彩不相互排斥，也可採用。

③最好不要穿有圖案的襯衫。

④襯衫下擺必須掖入裙腰內，不要任其懸垂於外，更不可將其在腰間打結。

⑤襯衫紐扣要一一扣好。最上端的一粒紐扣按慣例允許不扣除外，其他紐扣均不得隨意解開。

⑥專門搭配套裙的襯衫在公共場合不宜直接外穿。身穿緊身而透明的襯衫時，特別要牢記這一點。

保持完美的職場儀態

一個女性的儀態，包括全部的日常活動，如坐姿、步態、站立的樣子、對人的態度、說話的聲音、面部的表情等等，舉手投足、一顰一笑，都是儀態的表現。一個備受尊重的女性，不一定是最漂亮的女性，但一定是儀態最美的女性。

職業女性要應對的場面很多，要處理的事件也多，你的一舉一動都盡投人眼，因此我們把一個女性應有的站態、坐態、步態加以說明如下：

（1）站態

站立的姿態以不倚門靠牆為最佳，不論怎樣複雜的姿態，也不論出現怎樣的情景，你的腰部一定要挺直，下巴往後縮，肩膀要平，讓一切的變化都有腳部，上半身始終保持平衡平穩。

腹部要往後收，但不要讓臀部翹起，兩腳的位置不能超過八十度，其距離也不應超過二十四公分，而且並列一起將會十分難看。 練習正確站姿的方法有三點：

①利用穿衣鏡，按照下述的各種要領站立，並照著鏡子調整姿態。

頭——抬起，平視。

下巴——稍稍向後縮，但避免出現雙下巴。

脖子——同脊椎骨成一條直線。

胸脯——挺起。

脊椎骨——挺直。

臂——自然下垂，稍微移向臀部後面。

腹部——向後收縮。

臀部——與肩膀平行。

膝——直而輕鬆。

腳——雙腳平行，分開六～八公分。

②如沒有穿衣鏡，背靠著牆練習也是一種好方法，儘量使你的身體接觸到牆，如此身體自然會收縮肚子。

③背靠牆而立，讓足跟、小腿肚、臀部、背部、後腦和牆接觸，在頭上頂三本書，讓書的一邊和牆接觸，走動離開牆，為了不讓書掉落，你會本能地挺直脖子，下巴後收，胸脯挺起。

（2）坐態

坐時，上身要直，兩眼平視，下巴往後收，脖子要直，胸部挺起，脊椎骨和臀部成一條直線，一切的優美姿態讓腿和腳來完成。

上身要隨時保持端正，如為了尊重對方談話，可以側身傾聽，但頭不能太偏，雙手可以輕搭在沙發扶手上，但切不可手心朝上。雙手也可以相交，擱在大腿上，但不可交得過高，最高不超過手腕兩寸。左手掌搭在大腿上，右手掌搭在左手背上，也是很雅致的一種姿勢。

不管你坐在何種椅子上，何種坐法，切忌兩膝蓋分開，兩腳尖朝內，內腳跟向外的坐勢最不雅。坐時若想蹺起大腿，要一腳著地，一腳懸空。懸空的一隻腳自然平垂，不可故意腳尖朝天甚至動來動去。女孩子最忌兩腳成八字伸開而坐。

（3）步態

走路姿態可以真正看出一個女性的儀態美，因為這時的她全身都是動感的。走的時候兩腳要平行，輪番前進，從容前進。也許你會認為兩腳是分別踩在兩條平行線上，事實不然，兩腳踩的是同一條直線，這才是女性的標準步態，這樣才會顯示出女性步

態的婷婷嫋嫋，婀娜多姿。臀部、腰部的擺動要自然。

現在，我們把走路的原則歸納成以下幾項：

①上半身應保持端正挺直，兩眼平視、下巴後收、胸部突起、腹部後收、腰桿挺直、兩腿挺直、雙腳平行。

②將要跨出的一腳，應當先提腳跟，再提腳掌，最後腳尖離地。跨出的一腳，應當腳尖先著地，然後腳掌著地，最後腳跟著地。

③一腳落地時，臀部同時輕微扭動，擺度不可太大，當一腳跨出時，肩膀跟著擺動，但要自然放鬆。讓步伐和呼吸配合成富有韻律的步調。

④穿著禮服、長裙或者旗袍時，切忌跨大步，顯得很匆忙，要輕盈一些，從容一些。穿長褲時，步幅加大，會顯示較為活潑，但最大的步幅不超過腳長的兩倍。

⑤走路時膝蓋和腳腕要富於彈性，否則會失去節奏，顯得渾身僵硬。

職業女性有已婚者及未婚者，她們不但有年齡上的差距，還有身分的不同，但是如何訓練自己的美麗姿容對誰都一樣重要。當然，她們美姿的內容也略有差別。

未婚職業女性比較年輕，她們沒有家庭的負擔，有較多的時間專注於自己的容貌修飾上。誰都知曉，踏出校門步入婚禮殿堂之前，這是所有女孩子的黃金時光。每一個漂亮的女孩子都在這一段時光中，都有心情享受著點點滴滴、甜甜蜜蜜的時刻。對於她們來說，年輕就是最好的資本。也許有些女孩子會抱怨自己不夠美麗，但請你不要自卑，因為世界上沒有天生的美女。美女是訓練出來的。況且，知識和善良是永恆的美麗，你可以多多修煉你的內在品質，讓持久的美麗伴隨你一生。

還會有人說，我對自己的外貌沒自信，所以就沒有魅力、幸福和成功。確實有許多女性因為不注意自己的外表，以致不能受到真正的評價。尤其在人際交往上，屢次失敗，自信心也隨之喪失了，形成了一種惡性的循環。

職業婦女除了外貌上的美麗外，姿態的美麗與否，也是特別受關注的。職業婦女因為長期的伏案工作，缺乏運動，腹部很容易滋生贅肉。過了三十歲的女性，肌肉會開始鬆弛，四十歲以後，更多的現象接踵而來：發胖、形成靜脈瘤（俗稱青筋畢露），出現皺紋。

然而，一個常做美姿運動的女性，她的肌肉和皮膚就會永遠保持緊縮狀態，皺紋也不易出現，血液循環會永遠暢通無阻，因此也不會形成靜脈瘤。

職業女性體態美之重要性絕不亞於容貌之美。如果有了美麗的容貌，而沒有合乎比例的身材，例如該粗的地方不夠粗，該細的地方不夠細，該大的不大，該小的不小，那麼你的容貌之美也就枉然了。

（4）美姿運動計畫

為了讓你對美姿運動不覺得困擾和費時，這裏選了幾種簡單易學且效率較佳的運動，每天只需花五分至十五分鐘時間，作為你的美姿日課。

首先介紹全身美姿運動。

早上醒來，未下床前，仰睡在床上。儘量把身體往外伸長，使身子鬆弛、微縮，然後再伸，重複地做十次。起床後，站在敞開的窗子前，做十次深呼吸，這個運動雖然簡單，但連續做一個星期，就會覺得身子舒適了許多。

下面再介紹四種運動，開始時先選一種，等熟練後，再選一種，最初先做五次，逐漸增加最多以三十次為限，切勿做得太多，每一項都要切實地做，做到感覺血液的循環在加速，肌肉在緊張，不要匆匆地把四項連續做完，每一項完成後，必須稍事休息。

①兩腳分開，雙腳之間的距離約三十公分，膝蓋挺直，身子下彎，臀部翹起，用左手觸右腳趾，同時右臂向外伸直。然後身體還原，再用右手指觸左腳指，左臂伸直。

②兩腳併攏，兩臂下垂，身子輕輕跳起，同時雙腳分開，兩臂上伸，先與肩平，然後伸至頭頂，雙手互勾，再身子輕輕跳起，同時雙腳併攏，雙臂下垂，還至原來位置。

③雙肘彎上，雙手緊抱拳，觸及肩頭；同時提起左腳，做跑步狀，左腳跟齊起，然後雙臂下垂，左腳著地，姿態還原，再彎時提起右腳，重複左腳動作。

④仰臥在運動席上，雙臂伸至頭頂，手背觸地，然後雙臂舉起，同時雙腿上升，重心落在臀部，做手觸膝蓋狀，再將姿態還原，注意姿態的正確。

（5）玉立挺拔的秘訣

在生活中，我們經常發現有些女孩子剛離開學校踏入社會沒多久，就已「大腹便便」不成體形了。事實上，並不是她已「犯了錯誤」，而是她的腹部積澱了太多的贅肉。

下面介紹四種簡便的腹部美姿運動，如果你忠實地照做，你的體形會由凸腹的 d 型，轉為時髦的 5 型。

①俯臥在地板上，手心平貼地板，下巴擱在手背上，腳面和小腿平貼地板上，膝蓋向前拉，腰部弓起，收縮腹部的肌肉，然

後膝蓋向後縮，使身體平貼在地板上，再開始重複以上動作。

②坐下，然後躺下來，雙臂左右伸開，雙腿伸直平貼牆上，開始走路，兩腳盡可能往牆的高處踩。

③仰臥在地板上，雙臂垂向兩邊，雙腿併攏伸直，然後膝蓋彎向腹部，與腹部接觸，再將腿伸直，徐徐落在地板上。

④仰臥在地板上，雙腿併攏，雙臂伸直，上身慢慢升起，雙手觸腳背，然後上半身再徐徐下落，仍然平躺在地板上。

職場女人，不僅僅要勝任自己的工作，還要使自己的形象與姿容也保持在最佳狀態。一個不顧形象的職場女人，就算她的能力再大，也很難得到上司的喜歡而委以重任。相反，如果你的形象、氣質、能力都可以超越常人，你的職場生涯一定會比別人順利。

掌握職場化妝的分寸

日常生活中的化妝是按個人的意願、個人的審美情趣來進行自我塑造，它具有極大的隨意性和選擇性。生活妝要講究柔和，追求自然的美。成功的生活妝不宜過多地流露出化妝的痕跡。而職業女性的辦公化妝則不同，即在容貌的基礎上，要著意從形和色上給予臉部適度的藝術誇張，以表現秀麗、典雅、幹練、穩重的辦公室形象。這是因為辦公化妝受到辦公室環境的制約，它必須給人一種有責任性、知識性的感覺。

首先，要選用合適的底色，這是化妝的基礎步驟。底色選擇的目的是將膚色的自然美感充分表現出來，因此粉底的選擇要以自己的膚色為基礎，底色稍明亮的顏色，在自然光的照射下會顯現得較為漂亮，但在辦公室的螢光燈下會顯得蒼白而不健康。特別是底色塗抹過厚，會讓你的上司感到你整日藏在一副面具後

面，缺乏真實感。總之，辦公妝要在均勻地塗抹定妝粉後保證面部無油膩感且不失透明度，讓面部更潔淨、清爽，富有生氣和活力。

在色彩組合上，辦公妝既不要過分耀眼刺激，也不要過分含混模糊，應在視覺和心理上給人一種舒適和諧、賞心悅目的美感。生活妝通常為淡妝，用色就要單純、自然一些，應選用同類色（原色）相調和，類似色相調和。辦公妝的顏色則應以暖色調為主，為使膚色更加明快，應選擇粉紅或橙紅，而如玫瑰色等冷色調會帶給人夜生活感，在辦公室場合不適宜。

較濃的眼影在辦公室也是不適宜的，使用紅茶色作眼線使人感到親切，尤其是下眼線，切忌用純黑色。

眉毛的形態也是左右辦公妝印象的關鍵，因為眉毛可以使人的面部表情發生變化。眉過細，眉向下，都給人不可信的感覺。在描眉時，儘量避免過於女人味，稍粗重些的眉毛會使你看上去很能幹，眉峰尖銳顯得精明、果斷。

唇形小巧，唇角圓潤，是精美的唇妝，關鍵在於色彩的選擇。顏色過暗過豔，唇形太誇張，都不適合辦公室環境。粉色系、橙色系，無論哪一個辦公室都是會喜歡的。唇妝像眼線一樣可以體現立體感，上下唇角要用唇線勾畫，中間塗上口紅，千萬不要滿唇塗上亮光口紅，那樣會使人感到您缺乏常識，工作能力將會受到懷疑。

職業妝因人而異，女性的健康、自信是其共性。下面介紹一種適合多數女性的化妝方法。

首先清潔面部，用滋潤霜按摩面部，使之完全吸收，然後進行面部的化妝步驟：

1. 打底：打底時最好把海綿撲浸濕，然後用與膚色接近的

底霜，輕輕點拍。

2. 定妝：用粉撲蘸乾粉，輕輕揉開，主要在面部的 T 字區定妝，餘粉定在外輪廓。

3. 畫眼影：職業女性的眼部化妝應乾淨、自然、柔和，重點放在外眼角的睫毛根部，然後向上向外逐漸暈染。

4. 畫眼線：眼線的畫法應緊貼睫毛根，細細地勾畫，上眼線外眼角應輕輕上翹，這種眼形非常有魅力。

5. 描眉毛：首先整理好眉形，然後用眉形刷輕輕描畫。

6. 卷睫毛：用睫毛夾緊貼睫毛根部，使之捲曲上翹，然後順睫毛生長的方向刷上睫毛液。

7. 腮紅：職業妝的腮紅主要表現自然健康的容顏，時尚暈染的方法一般在顴骨的下方，外輪廓用修容餅修飾。

8. 口紅：應選用亮麗、自然的口紅，表現出職業女性的健康與自信。

完成以上化妝步驟後，一位健康、靚麗、自信的職業女性，就會展現在人們面前了。

Office lady 職業塑美法則

你作為一個白領，當你沒有姣好的容貌時；當在經濟上不允許你支付整容的開銷時；就是有錢你也缺乏勇氣躺倒在整容手術臺上時，你該如何鍛造你的美麗？

辦法是有的，你完全可以使自己在職業生涯中取得理想中的成功。除了最基本的「內功」修煉外，你還可以運用以下六種「塑美」手法，讓你的外在形象靚麗動人。內外修煉後的你，一定能在眾多佳麗中一舉奪魁。

（1）魔鬼身材的練就

你要特別重視自己體形的塑造，捨得在健身方面投資，多參加各種健身運動。你可以加入一個健身俱樂部，在良好的健身氛圍中，讓自己身體的每一處都運動起來，你會驚訝地發現你的身體變化：

體重變輕了，身體變柔軟了，動作變靈活了，全身上下充滿了活力。你的同事，哪怕是個美女，都會羨慕你那極富質感的皮膚，她們都以為你用了啥好牌子的化妝品呢。在同事的眼裏，你變了一個人，一個活力四射、健康優美的「陽光小美人兒」。

（2）甜美音色的魅力

一個具有魔鬼身材的女性，倘若一開口，其粗魯的音調便嚇倒了大家，你還認為她很美嗎？答案一定是否定的。女性的聲音美至關重要。你最好有天籟般悅耳的音色，可是我們不是百靈鳥，我們也不是夜鶯，是的，我們也許不具備自然界中神奇美妙的發音，但可以修煉呀。我們可以做到言語輕緩、面帶笑容，我們可以做到在日常生活中改掉不良的有害於發聲的生活習慣。一個聲音悅耳動聽的女性，她的氣質就多了幾分，就會給同事們留下美好的印象。若想把自己的聲音變得動聽，你可以遵照以下「四項基本堅持原則」：

1．戒除嗜好煙酒的壞習慣。

2．不要老啞著嗓子說話。

3．不要時常發出尖聲怪調。

4．不要常常出口成「髒」。

女孩子說話的時候要注意自己的表情，嘴型要自然開合，不要故意張揚。平時，可以多看影視裏主持人和演員們是怎麼說話的，觀察那些美人們美好的說話模樣，多多模仿。你可對著鏡子反覆練習，矯正發音部位。還可以多聽電臺主持人的發音，或者專業一點，看些發音練習方面的書，摸索正確的方法。只要你的聲音甜美起來了，你的同事們就會豎耳傾聽，就會非常喜歡你的一言一語。因為你的聲音是那麼「性感」而富有磁性。

（3）風趣幽默的個性

你可以不夠漂亮，但你絕對可以成為最受歡迎的女人。因為你已經有了魔鬼身材和美妙的嗓音，那都是表演的基礎。現在你需要的是往裏面添加有趣的內容。

多接觸接觸各種媒體，多看看有趣的節目，學習裏面極富情趣的說話方式和說話內容。改變你曾經單調的說話方式，提升自己的知識水準。這樣，你就會擁有精裝的外表，富有涵養內質。如果你能練就一種在幽默中加入一點不傷大雅的尖刻和滑稽的說話方式，你就會是最受歡迎的人了，你會讓周圍的人們和你一樣高興樂觀。

（4）打開心扉，擁抱自信

由於你認為自己不夠漂亮，你懷著強烈的自卑感，你平時總是小心翼翼的，你在壓抑自己，在傷害自己，這種不良情緒一旦爆發出來，還會傷害到別人。因為你下意識裏對別人是心存敵意的，這是一種由於自我武裝而產生的敵對性武裝，應該予以解除。

你愛自己的話就沒有必要壓抑你自己，更沒有必要豔羨和敵視別人的美貌。這不僅傷害了別人也傷害了自己。你卸下了強烈

的自衛的武裝，你的同事才敢放下手中的武器，他們和你一樣害怕，同樣把自己看得很平凡。走近他們，你就會發現：以前的自己是多麼可笑！一個美女表面上什麼也不在乎，事實上她什麼都在乎，男人們也沒啥兩樣。別再讓他們害怕啊，解除了自我的武裝後的你，已經是一個「和平使者」了。

（5）學會傾聽的藝術

為什麼每一個人都想要交朋友？因為人人都希望在歡樂的時候有人分享，在痛苦的時候有人分擔。人人最需要的是發自真心的關懷。朋友和同事都一樣。在辦公室裏，有時你幾乎可以什麼也不做，只需做一個最好的聽眾。靜靜地、默默地傾聽。你面前的人會把你當作最知心的人，不管你是美是醜，在他們心裏你是最親切的人，他們渴望得到你的安慰和鼓勵。如果你心目中最完美的男人已經讓你傾聽了三次以上，他，或許已經把你當作知己了。

當別人軟弱、失敗的時候，你平靜的包容的傾聽，就猶如春天的小雨，無聲地滋潤著對方受傷的心靈。這種時刻誰還會拒絕一個傾聽自己說話的人呢？

（6）給自己正確的定位

這一點極為重要，學會做一個別人需要的人。當別人處於失意之時，去做一個安慰者；當別人需要獨處時，請安靜地走開；當別人發怒的時候，不要火上澆油；當別人快樂的時候，去做一個分享的人。只有抓住了別人的心思，你才知道應該讓自己與別人保持怎樣的距離。就像煲一鍋湯，添加多少味精和調料，才能味美可口，全靠你自己把握。

你也許是一個並不漂亮的白領，但這已經不再重要，因為以

上六招小秘笈已經讓你變成了一個別人心目中最受歡迎的人。再加上你出色的工作業績，上至老闆，下至同事，大家都會對你喜愛有加，你就是大家的寵兒。

別把美貌當成你的職場優勢

美麗的容貌似乎總能助職場女性一臂之力，職場美女的身邊，也總是少不了獻殷勤的男同事，甚至引起上司的刮目相看。然而，美麗的職場女性與她們的職業能力，卻處在一個十分尷尬的境地：她們事業有成的時候，人們總是將成功歸功於她們的容貌，她們的工作業績在人們的眼裏，因為長得美麗而大打折扣。這種觀點往往成為了人們的共識。

在職場競爭中，擁有美麗的外表的確是一大優勢。漂亮的女同事，大家看著賞心悅目，工作效率也會有所提高的。招聘也是如此，同等條件下，在外貌上佔優勢的人通常會被優先錄用。但在平時工作中，企業真正注重的是員工的職業能力、工作態度和團隊合作精神。如果一個員工自恃美貌而自以為是，心安理得地受寵於他人卻不會去尊重對方，不屑與同事和諧相處、團結協作，這樣的「美女」自然沒啥好結局的。

林惠小姐天生麗質，氣質不凡，大學時代便是眾人競相追逐的「美人」。沒想到進入職場後，美貌與智慧並重的她卻處處碰壁。

林小姐講述了她的親身經歷：

「我大學畢業後進了一家外企，考慮到是在外企工作，我每天都非常注意自己的形象，在著裝打扮上也花了不少心思。靚麗的我每天都出入於高檔寫字樓中，自我感覺很棒！在別人的眼裏也挺風光。讓我沒料到的是不到半年時間，我就不得不辭了這份

工作。為什麼呢？原因很簡單，我的形象和個性太張揚了！引起了公司裏那些女同事，甚至女上司的嫉妒，她們為此都跟我過不去！」

「我的女上司，沒我長得好看，我到公司不久，她就對我看不順眼，事事與我作對，還聯合其他同事一起孤立我。我一直是被大家寵慣了的，哪受得了這番怨氣？於是我以眼還眼，以牙還牙，對她冷淡起來。除了工作需要，從不跟她搭話，更別提露個笑臉了。結果沒過多久，我就被調到別的部門去了。我心裏明白，她是怕我比她年輕漂亮，占了她的上風。」

「進入新的部門，開始大家相處得還算不錯，但不久後就遇到同樣的問題。有一個女同事，總是在工作中找我的麻煩，不但不跟我合作，還時常在我背後說三道四。一天，我終於忍無可忍了，和她大吵了一場，轟動了整個公司。出了這口惡氣，我覺得自己在這個公司是待不下去了，次日我就辭職不幹了。」

林小姐美麗、率真、自信、敏感，她完全能勝任自己的工作，但在處理公司組織中的人際關係上還不夠成熟，團隊合作意識也不足。一個職業女性有了美貌後還應該具備愛心，不要像在學校時那樣總習慣於別人的寵愛，更要學會去關愛別人、寬容別人，主動與大家協作，即使是與那些對自己不好的人，也要大大方方地與她們相處。你剛到一個新團體，大家還不瞭解你，肯定會有偏見的時候。這時候你只有主動地讓別人走進你的心靈世界，用良好的態度博得對方的好感，這樣才能換取大家對你的愛與尊重。也讓這個大家庭給予你更多的溫暖。實際上，每一個上司大多認可你的工作業績而不僅僅是美貌，林小姐的失敗在於她的性格本身。

所以職場美女想在事業上獲取成功，會因為美麗而付出更大

的代價，在辦公室裏也會有更多的禁忌和約束。在此給女性朋友們一些小小的建議：

首先，不要給人「愛耍小性子」的印象。在事情多的時候，人們通常都會有些情緒反應，女性們更是喜歡「嗔怒」。這確實是一種很壞的習慣，你毫無節制的「嗔怒」，會讓同事們以為你做事缺乏耐力，同時會懷疑你的工作能力。美麗的你一定要注意，即使工作再忙再累再苦，也要注意說話的態度，不要讓同事們誤以為你倚仗美麗而愛耍脾氣，你的形象可會大打折扣啊。

其次，你的說笑音調不能高。辦公室的環境相對來說是比較嚴肅安靜的，有些美女同事們尖銳的說笑聲和嬌嗔狀態是很令人反感的。因為你的這種行為，會讓他們以為你是故意要引起大家對你「美麗」的關注。人家即使口頭不說，心裏也是十分看不起你的。因此職場美女們應常常反省一下自己的言行舉止，是否有這樣的不足，進而努力做到「及時改正，再接再厲」。

再次，不要給人以辦公室「花瓶」的不良印象。作為職場美女，除了適當地展現女性溫柔的一面，也要想方設法展示你堅強、果敢、理性的一面。尤其要讓你的男同事和上司明白，你除了美麗的外表，還有睿智的大腦和勝任工作的能力。

事實上，美麗而幹練的職業女性有許多許多，英國首相柴契爾夫人、惠普的女總裁卡莉‧菲奧莉娜等不都是典型例子嗎？美麗是一種優勢，但絕不是走向成功的最重要因素，願美麗的白領麗人們淡化對美貌的關注，以更好的職業精神面對工作。

Chapter 7

學會自我行銷：
女人的行銷智慧

　　曾有一位語言學家這樣歸納男女性運用語言的目的：「男性用語言維持權威與獨立；女性則用語言創造親密關係。」這說明女性確實是天生的銷售高手。可惜的是許多女性卻不瞭解自己這方面的優勢，更不懂得運用自己這方面的天賦，為事業的順利和成功增加砝碼。

女人是天生的最佳推銷員

也許很多人不知道或是不相信天生的推銷員就在我們身邊，她們的推銷技巧往往被人忽視，她們就是那些母親、妻子和女兒們。

一天之中，其實我們都在不自覺地進行著許多「銷售」工作。想想看，是不是我們的許多購買決定，都來自於親朋好友們「推銷」的結果？這些「推銷」有直接的也有間接的。再想想看，為什麼你會傾向於習慣在某一家服飾店購物？你午餐到哪裡吃比較合適？哪家水果攤的水果既新鮮又好吃？哪個護膚品牌最好用？是否都是接受過別的親朋好友們「推銷」的結果？而你是否也習慣了一旦發現什麼有趣、好玩又實用的訊息，總不忘向身邊的親朋好友「推銷推銷」呢？

溝通和分享的過程對廣大女性朋友來說是樂在其中、陶醉其中的。女性喜歡建立友好關係，尤其女人和女人之間。她們也習慣在這種「關係網」中消費。女性搬了新家或換了新辦公室，十天半個月之內就會建立起一套新的人際關係和消費網路。而男性們則比較傾向於自己做裁定。當別人向他們介紹新產品，他們常常抱著半信半疑的態度，更少主動向朋友推薦東西。男性們不像女性那麼常常成群結伴來分享親密交流的友誼，不那麼輕易和別人建立親密關係。比如一個男性可能在同一家餐廳吃了一年的午餐，他和餐廳老闆熟悉的程度，還不如新來三個月的女同事。男性女性確實有不同的思維方式和行為模式，但這也沒有好壞之別，只是有所不同。曾有一位語言學家這樣歸納男女性運用語言的目的：「男性用語言維持權威與獨立；女性則用語言創造親密關係。」這說明女性確實是天生的銷售高手。可惜的是許多女性卻不瞭解自己這方面的優勢，更不懂得運用自己這方面的天賦，

為事業的順利和成功增加砝碼。

　　我認識一個女性朋友，她是一家公司的秘書。生活中，她是大家心中的「百事通」，任何「疑難雜症」，一經她手就都有解決的答案。小事大事，小活大活，她都能給你一些好的建議和意見。例如該到哪家餐廳為父母祝壽？該找哪個場地主辦公司的聯誼活動？打通她的電話，諮詢一下，她準能給你完美的答案。你的公司秘書位置空缺，找她給你推薦推薦；你想換一份工作，找她來商量商量。平時，只要她吃過的美食、看過的好書、買過的好東西，她總會忙著「呼朋引伴」地找別人來共用她的喜悅。她的小腦袋裏彷彿分門別類地裝著各式各樣的資訊和資料，一旦哪個朋友需要她幫忙時，她準能一下子蹦將出來！我衷心地讚美她是一流業務人才，那麼有熱情、有能力，光做秘書太可惜了。我建議她運用充沛的人際網路在業務工作中大顯身手，她的答案是：「這沒什麼了不起的！每個女性都和我一樣啦！我的個性不適合去說服別人買東西！」她對自我潛力的低估和不自信，讓我很為她惋惜！

　　一位女性消費趨勢專家費絲‧波普康（Faith Pcorn）曾在她所撰寫的《爆米花報告》中提到：「女性思維將在二十一世紀更得到肯定與認同。」這讓我大為高興。女性思維到底指的是什麼呢？在波普康的最新歸納中，她認為女性思維的特色包括運用團隊合作、問正確的問題、有多種心思、尋求改變、以關係為導向等等，不同於舊企業透過階級驅動工作、需要知道答案、一心一意、抗拒改變、以執行為導向等主張。

　　無論是在西方還是東方，有無數的傑出女性在以男性思維為主導的世界中艱苦奮鬥，想和男性一樣出人頭地，幹一番大事業，但她們勉強採用男性的思考方式、行為模式，因為她們以為

在這種男性思維為主的世界上，只能用男性一樣的思維方式，才能發揮自己的才華，實現自己的理想。結果是長時間嘗試後，大家都感覺非常辛苦。許多女性主管們仍免除不了受到大企業歧視的隱形障礙。因此越來越多女性在大企業磨練之後，開始嘗試以其特有的女性思維進行創業。從一九九六年至今，已有超過千萬的自行創業的美國女性，以小型企業為主導的商業活動中，每一條商店街，十家店有九家是由女性在掌管。這裏，我要對女性朋友們說，你們確實應該相信自己的商業潛力，相信你的情商和智商，將是你事業成功的強硬基石。

學會自我推銷的技巧

很多女性之所以在職場上得不到升遷，最主要的就是因為她們不會進行自我推銷。

研究發現，很多女性主管們的決策出發點通常是工作關係以及公司的利益，而男性高管們則更側重他們個人的利益，以便更好的為自己打算。

暢銷書《女人，天生就能贏》一書的作者 Ronna Lichtenberg 認為，自我宣傳對於男性和女性來說都非常重要。「每一個人都需要讓其他人知道他們隨時準備迎接新的挑戰，並且為了把事情做好，自己應該得到必要的支持。」她還說，「這樣的支援可以是更高的薪水，也可以是一個更重要的職位，從而能夠在公司裏得到一個合適的定位。」

（1）自我推銷：最重要的職場能力

Lichtenberg 認為，自我推銷就是：「主動讓其他人知道你有哪些優點，能做什麼，並且正在做什麼。一種方式充分考慮和照

顧他人的感受，和許多其他的人一樣，我稱之為『促銷』，還有一種方式是以個人為中心的，是不太合適的。」

　　這個區別很重要，因為很多女性覺得自我宣傳肯定會讓別人產生反感，因而影響到自己的人際關係。Lichtenberg 就這樣說過：「她們擔心如果她們的自我推銷太張揚的話，會招致人們的反感。而研究也表明事實的確是這樣──事實上，其他女人也可能會成為非常刻薄的批評家。」害怕別人的評價可能讓自我推銷變得更難，但是「裝出來」的自信和真正的自信一樣，都能給人一種力量和勇氣，你在假裝的時候本身就是自信的。「沒有人知道你的心在砰砰的跳，你的膝蓋在發抖，」Lichtenberg 如是說，「強迫自己這樣做幾次之後，你就會覺得容易一些」。

（2）懂得利用自己的長處

　　既然已經知道自我推銷的重要性，那麼應該如何自我推銷呢？並且你的自我推銷不會給別人一種過於「誇張」之感呢？這說的實際上就是要你在客觀地評價自己的同時學會自我推銷。

　　首先，你要清楚一點：所有的女人都是一個獨立的與眾不同的個體。Lichtenberg 說：「有些女人的工作作風被我稱作『藍色』風格，她們注重完成自己的任務，卻不太重視工作當中人與人的關係處理……『藍色』女性希望直奔主題，寫電子郵件的時候不會附上問候或者稱呼，她們相信不是成功，就是失敗。」她進一步補充道：「而『粉色』女性則希望親自瞭解自己的業務夥伴，相信首先建立良好的關係能夠讓業務的進展更迅速，更有效率。她們相信能夠取得雙贏的結果。」

　　由於不同的女性有著不同的特點，因而女性的自我宣傳方式方法也不盡相同。除了要瞭解自己的長處以及如何突出它們的重

要性以外，Lichtenberg 解釋說，「對於所有的女性來說，關鍵是要花時間好好思考一下對方的需求。這樣你就能夠以一種他們能夠接受的方式表達你的要求和希望。多花一些時間來考慮清楚你到底希望得到什麼──我稱其為『思辨』。」Lichtenberg 建議：「這樣你才能夠真正理解你在市場當中的價值。對於自己能夠提供哪些東西，競爭形勢以及如何能夠提高自身價值瞭解得越清楚，在你臨時需要對某人推銷自己的時候，也就可以越發從容不迫。」

最善於自我推銷的女性，正是那些常常關心他人，並且通過主動的交談來表現出自己關心對方的女人。正如 Lichtenberg 所說：「她們知道和別人分享自己的經歷是和他人建立聯繫的方式。正確的方式是幫助別人，而不是損害別人。」

沉默不再是金

隨著時代的發展變化，「沉默是金」這曾一度被奉為美好的品德，在今天的職業女性身上已不太合適。在這個人人都搶著表現自己、推銷自己的年代，你只有大聲地宣傳你自己，你才能為人所知，你的才華才能為人所用。

絕大多數身在職場的女性，都會以為「少說多做」才是職場中的最佳的表現，以為只有這樣才能贏得上司的信任。實際上，這種思想是非常錯誤的，這可能只是你的「一相情願」。不要以為老闆時時刻刻都關注著每一位員工的工作表現和工作態度，他有太多自己的事情需要處理，老闆對員工的評價自有他的原則和主張。你更別指望別的什麼人在老闆面前讚揚你，因而給你額外的升遷。你要清楚這一點。所以你得學會如何表現自己和推銷自己，這是一個大學問，你必須運用一些美妙的策略，讓老闆們上

司們在「不經意」間發現你的存在與作用，讓你的能力與優勢在他們心裏留下深刻的印象。只有這樣你才可能獲得更好的發展空間與機會。因此每當圓滿地完成工作後，要記得及時地主動地向老闆、同事報告，讓你這顆金子發出光亮，讓別人發現你的亮光。

（1）別再無聲無息地「奉獻」

陳玫是一個性格內向、從不張揚、默默做事的姑娘，可是最近她很是苦惱。為啥？因為她雖然工作盡心盡責刻苦努力，但總是得不到晉升的機會，更得不到老闆的青睞。令她傷心的是老闆總是把本該屬於她的功勞，算到了別人頭上！更令她難受與尷尬的是老闆竟叫不出她的名字！

也就是說，老闆根本沒有注意到陳玫的存在，更別提她所付出的勞苦和她的工作成績。這是很令人深思的現象。

你是否也有同樣的遭遇？你怕是為此傷透了心吧。但你明白嗎？造成這種結果的正是你自己呀！因為你忽略了自我推銷的重要性。

上世紀九〇年代以前的企業，也許是非常看重員工們不聲不響地「埋頭苦幹」，但那是因為當時的經濟環境和整個社會的大環境，需要多數這樣的人才。但今天不同了，數年甚至數十年如一日過著「牛馬生活」的老實人，不再是公司和企業最需要的人才。老闆們看重的是你實實在在的工作才華。在老實人看來，只要我努力，就一定能夠得到應有的獎賞。他們不清楚其實老闆們是最容易患「近視」的，因為他們的眼光通常都是「遠視」的。即使你拼了你的老命，他也有可能「視而不見」。說實話，這不能全怪老闆。通常，做老闆的往往會把注意力放在「麻煩的人和

事」上面，因為這些事非用他的權力處理不可。所以，他反而會忽視規規矩矩、腳踏實地做事的人。因為他對這些人「很放心」啊。你自己不主動向老闆彙報成績，不主動表現自己，怕是永遠也得不到你想要的嘉獎哦！

（2）不再做「無名英雄」

許多老實人的另一認知陷阱是害怕其他同事批評自己喜歡表功。在我們的思想深處，一向以「謙遜」、「含蓄」為美德，不太習慣大大方方、直接地「宣揚」自己，同時也對他人的「爭強好勝之心」存有非議。

其實在人生的發展的過程中，總是包含著兩個相互聯繫、相互滲透的方面，一個是構建自己，即人對自身的設計、塑造和培養；另一個是表現自己，即把人的自我價值顯現化以獲得社會承認和回報。

有這樣一位女性，她在外企只工作了四年，就做到公司高級副總裁的職位。有人驚訝她為何能如此飛速攀升？她說靠的是自己的能力。這裏「能力」可不是通常意義上的才學，而是指表現自己能力的能力。

（3）過分張揚是大忌

我們講要有勇氣大膽地自我推銷，但不是說任你毫無節制地「自吹自擂」，張揚你的個性魅力和工作能力是必須的，但過分張揚就是大忌了。我們需要的是「善於張揚」和「善於推銷」，不要讓別人覺察出你有過強的表現慾。

如果對方發現你的表現慾過強，看見你的一舉一動都是為了表現自我，他們反而會認為你沒什麼本事，因而更輕視你。他們還會以為你在「弄虛作假」。你可知道，人們最不喜歡不坦誠的

人了，覺得這種人既不可交又不可信。

所以當你有了自我表現機會，把握好表現的度，最好用一種間接、比較自然的方式表現自己的功勞。倘若你確實還不習慣自我推銷，也可請別人從客觀的角度幫助你學會自我評價一番。你最終會發覺，不露痕跡地讓人注意到你的才幹及成就，比敲鑼打鼓式地自賣自誇更有切實的效果。

所以職場的女性朋友們，不但要做好你分內的工作，更要學習自我推銷的能力。如果你希望自己的職業生涯更加精彩，如果你想出人頭地，你就得適當地運用一些自我推銷的策略和智慧，隨時準備在老闆與上司的面前推銷自己，讓他們對你的才能有一個更加全面的認識。這樣的話，你才有機會獲得晉升，才能徹底改變自己的職場命運。

像男性一樣表現自己

男性往往擁有果敢自信、沉著冷靜、富有智慧的頭腦，因此職場中的男性總是比女性更容易成功，女性在職場中的成功，似乎總是無法與男性並駕齊驅。為什麼會有這樣的差距呢？這主要不是專業能力有高低，而是思維方式有差異。

大家知道，思維方式決定著一個人的事業是否能夠做強做大。在長期由男性主導的職場環境中，男性們建立了適合他們的職場遊戲規則。女性要贏得半壁江山，不妨從瞭解男性的職場遊戲規則開始，試著像男性那樣思考和行事。前面我們提到女性要善於運用獨特的「女性思維」，去與男性思維為主導的職場競爭，這裏又要女性去效仿男性，是否自相矛盾呢？其實不然，這是兩個不同的方面。這裏說的效法男性，是學習他們的一些優秀職場品質。

（1）直接「上奏」，主動出擊

相對男性來說，女性的膽量較小、臉皮較薄，一旦她的提案遭到主管退回，對她而言就意味著絕對的否定。所以由於害怕遭到拒絕，女性們很難說出自己心裏真正的要求。這對她自己日後的思維主動性的發揮造成了阻礙。而對職場中的男性而言，「拒絕」不一定是壞事，也許正因為主管的一次又一次的「拒絕」，讓他得以快速地成長起來。「拒絕」代表了仍有許多其他的可能性，他認為誰都有遭到拒絕的時候。所以他不灰心、不洩氣，他會在現有提案上進行修正，他堅信總會有被接受的機會。男性們總會換個角度自我評價，會換種方式再接再厲。這是一種自信的表現。

因此女性應該摒棄自己敏感脆弱，太過在意別人看法的弱點，重新規劃生活目標，不斷地朝著既定目標前進，將每一次的失敗與挫折，作為下一次抓住機會的動力，相信自己終有成功的一天。

（2）抓住表達的機會

我們的家長在教育子女時，往往更注重培養男孩子勇敢自信的一面，對女孩子，家長則要求她們要細心認真、體貼懂事。男性從小就被鼓勵做事要勇敢，要勇於表達自己的看法。他們參與各項比賽、運動競賽等活動，早已習慣競爭和輸贏，很多人也瞭解沒有永遠的贏家。女性則習慣自覺地準備功課，雖然非常細心負責，卻不擅表達和爭取。

在職場的會議中，男同事總是非常踴躍地發言，滔滔不絕，似乎有備而來。事實卻可能是他的提案沒有你的充分和完美，但你並沒有積極爭取發言的機會，你錯過了表達你的意見的機會，

主管哪能知道你有更好的建議呢？結果是公司採用了男同事的提案。

　　除了在專業上要有充分的準備外，關鍵在於你是否掌握展現你的實力和宣傳你的提案的機會。機會不會從天而降，你要學著自己去把握。你可以主動定期向老闆報告團隊的最新工作績效，反映自己優秀的領導能力。同時主動與其他相關部門建立關係，介紹你的職務，讓他們瞭解你能為他們做什麼，你有什麼資源可以分享。

（3）掌握表達的技巧

　　表達是需要技巧的。許多人都知道說和寫的能力足以說明一個人的才華。公司和企業裏常常開會，開會是最有效的與高層主管們溝通方式之一，你要在有限的時間裏，吸引他們的注意力。首先，你的報告文本必須簡短且有說服力，其次，你的演講要把握分寸，讓主管們聽到最精彩的言辭，看到最佳狀態極富有口才的你。女性往往在語言邏輯上不夠嚴密，簡單的說得過於繁冗，讓聽眾喪失耐心。

　　通常，作報告時的開場白應避免使用軟弱的字句。比如「我很抱歉打擾你的時間」、「我想談談我的不太成熟的看法」、「大家一定都曾想過這個創意」等等，這種話語只能說明你還缺乏信心。你完全可以這樣說「非常高興我能有機會闡述我的建議」、「我一直都在努力尋找這方面的突破點，下面我來說明一下我的創意」等較為自信又不失禮節的話語。女性可以試著多訓練自己的報告技巧，以直接有力的開場白、自信堅定的答題方式，在會議報告中給你的主管留下深刻的印象，這離你受青睞的日子就不遠了。

（4）分清「同事」與「朋友」的關係

女性通常較為感性，在工作中也很注重「朋友式」的同事關係。甚至把它看成是工作是否快樂的衡量標準。當有同事直接向你表示：你們只是工作上的夥伴而不是生活中的朋友時，女性們的反應通常會感到受了傷。因為她們認為她們是那樣地真誠。甚至開始猜測一些不是原因的原因，以至於間接地影響了彼此工作上的合作與支援。對於這種狀況，男性的反應常是無所謂，今天在會議中是競爭的對手，明天還可以一起去唱卡拉 OK，公私分明，兩者無關，也不會產生矛盾。

女性則認為同事應在同一陣線，習慣將同事的戰友關係等同於朋友關係。建議女性在職場中應以工作職務為標準，不要因為朋友的關係而影響了公事。彼此不是朋友也要工作上積極配合，並肩完成任務。將私人感情帶進工作中，影響是相當壞的。如何與同事保持適當距離也是一種處世藝術，值得女性們深思。

（5）隨時接受新挑戰

職場中人與人的關係是一種競爭的關係。誰抓住了機會，誰有接受挑戰的勇氣，誰就可能成為贏家。

當公司賦予你新的職務，讓你肩負更多的挑戰與責任時，你是怎樣的一種反應呢？多數女性一開始都會擔心自己是否能勝任新職務，壓力也就隨之而來。就算心態調整過來了，在工作過程中還是倍感壓力之大。男性面臨同樣的問題時，則會認為這是一次難得的機會，他會十分樂觀地接受新任務，雖然他也可能不知道從何著手，但他不會讓別人知道他缺乏自信。他相信自己一定能辦到，他相信自己的適應能力。

新挑戰意味著新機會，雖然其中充滿了許多不確定性，女性

也應該增加自信心，因為別人面對的問題與你一樣，只是別人的心態比你好。

（6）目標要清晰

　　細心本是女性的優勢之一。但在工作中，真正要一步一步去實現自己的職業目標時，女性又因家庭和事業的雙重壓力而做得不夠好。男性的職場目標清晰，不會偏離跑道，能以階段性的方式逐步去實現一個個短期目標，最終有效且精確地到達終點。女性則因「細心過度」而傾向同時處理很多方面的事務，包括家庭與事業，希望能同時兼顧所有的事。結果她們常感到工作過量，力不從心，工作壓力過大。建議女性在工作環境中，先確認首要目標，將焦點集中在首要目標，完成後再逐步實現其他小目標。理清工作中的輕重緩急，有助於提升工作效率，有助於完成你的既定目標。

（7）不要私下抱怨

　　人人都難免在工作中碰到瓶頸或挫折，女性是習慣傾訴的人群，所以常常忍不住私下裏向朋友向同事發洩各種煩惱怨氣，弄得全公司的人都知道你的不滿。結果是你不但沒有解決你的困難，卻換來團隊成員對你的不信任。

　　這種時候，男性相對較為克制，不會輕易向其他同事透露煩惱，也不會表現出自己焦躁的情緒，因為他很清楚，這肯定會影響到工作，同時也影響了自己在同事面前的形象。

　　一個女性職員千萬不要期待別人替你解決煩惱，所以你根本沒有必要在眾人面前說這道那，你要設法尋找平衡情緒、緩解壓力的方法，不要讓抱怨變成更深一層的負擔。

（8）擔負責任享受權力

女性似乎很適合擔任副手、秘書的角色，好像天生就是替領導分擔工作的群體。也許這是由女性的富有耐心的特質所決定。但女性們切記：你做的事越來越多，也要懂得為自己爭取更多的職權，以獲得升遷的機會。這時就得多多學習男性朋友了。在擔任更多的工作責任的同時，主動要求升遷。這樣不但可以讓自己有更大的發展空間，也會讓自己擁有更多人力物力資源，使工作更有效率。

（9）縮短與上司間的距離

開會時的一個常見的現象是女性通常選擇後面的位置，與老闆保持距離，或和朋友坐在一起，這樣她們才會感到有安全感。其實在她們的潛意識中，前面的位置是留給主管及老闆的，她們十分尊重這樣的秩序。相反，男性則會非常自然地坐在前面。因為他們會覺得這樣坐，接觸老闆的機會會大一點。

會議的座位選擇，從側面反映了你的自信。不管你有多麼專業，坐在後面就顯得自己不很重要了。會議位置象徵權力的微妙轉移，女性應該多坐在會議室前部分，讓老闆看得見你，有機會詢問你的意見，對你產生印象。

（10）展現幽默與笑容

多數女性在公開場合中都不太幽默，不是因為她沒有幽默感，也不是因為她缺乏表達幽默的能力，而是因為她有一種思維定勢。女性在公共場合中要保持認真、嚴肅的工作作風和女性的矜持。你若過於嚴肅，別人往往不知該如何與你溝通，要邁開交流的第一步實在很難，因此容易與你保持距離。男性則擅長運用幽默的話語和表情來緩和緊張的氣氛，讓別人覺得他是如此親

切，因此別人也更易接受他的看法。真正的交流就沒問題了。

　　許多人認為講笑話是男性的專長，而女性天生就不會說笑話，因此女性朋友們在聽到笑話時，就儘量展開你的笑容，表示你正在享受他們帶給你的幽默的樂趣。有時，即使你已聽過這則笑話，也不要說穿，仍然展現你的燦爛笑容，給大家營造出輕鬆幽默的氣氛。這是一種表示讚同與鼓勵的方式。而你的讚同與鼓勵，一定可以獲取男性的好感，使他們更加樂於接近你。

　　我要說的是職場中的女性完全可以出出風頭，不要管別人怎麼說。你要記住：同在職場，總得有人當領頭羊，不可能所有人都在同一條水平線上。你要實現你的理想，不僅要有豐富的思想，更要具備自我推銷的才能，而且必要的時候可以適當地讓上司聽到你的聲音，你一定會得到上司的注意和賞識，你的職場面貌就能煥然一新了。

脫穎而出有方法

　　職場上，每一位佳麗都想施展出自己的「百般武藝」，各顯其能，贏取成功。但一個人不可能樣樣精通，怎樣使自己更加「與眾不同」呢？成功的路有許多條，他們的「法寶」是什麼？看看下面的職場贏家是如何演繹他們的精彩。

（1）細節決定成敗

　　暢銷書《細節決定一切》，就很能夠表達這個法寶的威力。它是一本世界五百強企業的員工培訓手冊，它所闡述的理念只有一個——細節決定一切。它的作者——著名企業諮詢專家馬爾登認為：一條漫長的人生路是你一步步走出來的，而坎坷的職場路一樣，是由一個個細節串起來的。細節是成功的基礎，細節是成

功的引導者。

「人小心大」、「職低心高」是許多職場小人物們的「通病」。大家都有著「宏圖大志」，都希望自己事業蒸蒸日上，到達一個更高的層次。於是人人似乎都熱衷於做大事，搞大策劃，寫大手筆，卻對工作中的一些「小事情」視而不見。

很少有人會將上司交給自己的每一件事情都做得扎扎實實，能夠仔細校對檔案中的每一個字，認真核對報表中的每一個數字，真誠地做一些辦公室中的看似瑣碎的卻能為同事提供便利的小事。也很少有人做得到絕不貪圖任何便宜，如涉及家人、朋友的電話能短不長，辦公用品絕不帶回家，做工作不怕麻煩，需要加班時不討價還價等等。這些個小事情、小細節，其實都是你走向成功的基石。看似不起眼的小事，你做與不做，重視抑或輕視，都將決定你的職場生涯成功與否。

（2）溝通和交流的藝術

一個名人說過：「你有一個蘋果，我有一個蘋果，交換後仍然只是一個蘋果；而你有一個想法，我有一個想法，交換後就會得到很多思想。」可見與人溝通，與人交流的重要性。

要想在職場上勝出，溝通、學習是非常必要的。溝通可以消除盲點，達成共識，提高工作效率；交流可以使你接收到許多間接的經驗，讓你快速成長。尤其對於一個剛步入職場的新人，或者當你進入到一個新的工作環境時，溝通與交流就更為重要。

文清剛到一家公司時，周圍的一切都是陌生的，但她很快就熟悉了工作的流程，掌握了與同事間的配合技巧，不到半年，她的工作業績就突飛猛進，成為了公司的骨幹。她的秘訣就在於善於溝通與交流。她讓自己儘快融入新的團體，特別是與一些富有

經驗的同事很快混熟了，工作之餘她悉心請教，學習他們的經驗，既練就了自己的本領，又拉近了與同事間的距離，增進了感情，培養了良好的人際關係。這樣一舉兩得的事何樂而不為呢？

所以掌握溝通的藝術，善於學習別人的經驗，無疑是職場上的助推器；更何況現在公司的運營是一個系列，每一個員工的工作都不是獨立成章的，都需要別人的支援和配合。像招商工作，就是公司運營的先鋒隊，他們的業績的實現必須要有強有力後備的支持，讓大家一起來實現最終的勝利。這就需要有效溝通和配合，否則會造成資訊傳遞的不全面，甚至出現偏差、錯誤，造成工作的無法順利進行，還可能引發矛盾。

（3）縝密思考，快速出擊

「上帝面前人人平等」，這確實是至理名言。天上即使會掉錢下來，也要看你有沒有足夠的速度搶在前頭，去抓住它，去得到它。誰都不想錯過機遇，可偏偏有人總與之擦肩而過。這就要看你對資訊是否足夠敏感，看你是否有足夠強的眼力、行動力。看準了目標就「下手」，果斷堅決。也許你在學識、經驗、能力上並不比別人差，可往往就因為「出擊」太慢而輸給了別人。

小米多年前在一家外企做會計，長期伏案工作，她常常覺得她的頸椎、腰椎不適，她知道自己肯定得了相關的職業病。她到醫院一檢查，發現症狀已經很嚴重了。小米這才意識到健康的重要性。而她抬眼望去，發現周圍不乏這樣的人：他們都在為了工作，為了賺錢，消蝕自己的健康；而與此同時，各種各樣的保健品、各種保健運動如瑜伽正在如火如荼地興盛起來。這些資訊都在昭示著健康時代的來臨。為了證實自己的判斷，小米進行了考察，搜集了很多資訊和資料，發現宣導健康是今天的大趨勢、主

旋律。這無疑是一次難得的機遇，經過再三思量，小米辭掉了原來的工作，進入了一家著名的保健品公司。她從一名普通的銷售職員做起，慢慢地越做越大，如今她已代理了多種產品。

小米的事業蒸蒸日上，並且有了自己的團隊。這一切都源於她能夠敏銳地感受到了時代潮流和抓住了市場訊息。因此小米不僅贏得了事業上的成功，更獲得了健康、財富和快樂。

（4）建立強有力的團隊

一個人的力量是微小的，眾人的力量合起來可就不得了。我們從小就高唱「團結就是力量」。團隊的力量是無窮的。因此現在的企業和公司都十分看好團隊的力量，它們都紛紛致力於打造自己的核心團隊。

一個人的成功絕不是靠他一個就能取得，一個沒有團隊的企業也很難走遠。團隊最大的魅力在於其強大的凝聚力。團隊必須要有共同的願望和合理的目標，領導者要能把握住正確的方向，讓大家的幹勁兒都往一處使。明智的企業都會為團隊成員設計個人成長發展計畫，讓每個成員都有發揮自我才華的天地，以此實現自我價值，從而使企業自身能夠獲得持久的發展。

需要指出的是你不能把團隊當作自己的棋子而任由你使喚。一個具有戰鬥力的團隊是一個充滿了信任、真誠、激勵、競爭與合作的團隊。我知道有這樣一個團隊，團隊內部充滿了猜忌，嫉賢妒能，領導耳朵裏充斥著「小報告」，整個團隊烏煙瘴氣，分崩離析。

良好團隊的打造其實是雙贏甚至多贏的，你付出的再多都不會白費，你的團隊會鬥志昂揚，充滿活力，你及團隊的業績會直線飆升，你會從團隊中得到自信、榮耀、責任感和成就感；你給

團隊多一些，團隊回饋給你的會更多，你站在團隊強大的支撐上，會走得更遠，走得更穩；成就了團隊也就成就了自己。

職場如戰場，你不想成為他人的墊腳石，你就得讓自己變得更有智慧，更有能力，更受到歡迎，這樣你才可能脫穎而出。

董明珠：「棋行天下」的商界玫瑰

提起董明珠，大眾或許會感到陌生，但提起大陸「格力空調」，相信沒有人會不知道的。當這個女人與格力聯繫在一起的時候，你也許就再也忘不了她了。她就是「格力」的掌門人，大陸家電業中的風雲人物，一位踩在風口浪尖上的商海女性。

十幾年間，董明珠從一名最基層的銷售人員，成長為大陸最大的空調企業——珠海格力電器股份有限公司總裁，她的經歷有著怎樣的跌宕起伏的傳奇色彩？她是一位市場行銷的高手，其獨創的「區域銷售公司模式」，被經濟界和理論界譽為「二十一世紀經濟領域的全新革命」。她的成功被認為是女性的傑出榜樣。

這位和格力一起崛起的女人，在引領著「二十一世紀經濟領域全新革命」的同時，先後榮獲「全國傑出創業女性」、「中國十大創新企業家」、「二〇〇三年全球十大最具影響力的華商婦女」、「二〇〇三年中國十大女性經濟人物」、「二〇〇五年度中國女性創業經濟大獎」等榮譽，也曾兩次登上美國《財富》雜誌評選的「全球五十名最具影響力的商界女強人」榜。

在董明珠身上，我們看到了一個由溫柔、強悍與淡然有機組合在一起的「女強人」。在與她交談後，你會領略到一位成功行銷家馳騁天下的銳利獨到、不容任何人左右的智慧，還有源自於實力的堅定自信。她的行銷模式曾經受到過許多質疑，但她的行銷成果足以證明她的睿智與膽識。她對企業技術和制度創新的堅定態度，對利益得失的那份淡然，讓人不得不欽佩。她說：「生活就是這樣，總會有烏雲遮眼的時候，但也總會有雲開霧散的一天。只要你堅持按自己的理想走下去，就一定會有成功的那一天。」

二十多年前，董明珠隻身來到深圳，她感受著深圳的青春活力，但也嚮往著更為寧靜的家園。於是一塊寧靜美麗的土地——珠海深深地吸引了她，她決定要在珠海留下來。當時的她對行銷一無所知，但她對自己有足夠的信心。她是一個會努力抓住機會的人，她堅信：一項新的工作只有通過努力的嘗試後，才知道是否適合自己。就這樣，董明珠一腳踏進商海，就再也沒有回頭。

十五年的時間，她從一名最基層的銷售人員，成長為大陸最大的空調企業——珠海格力電器股份有限公司總經理。這是不小的跨越啊。這中間的辛酸甘苦也只有她本人能夠深切體會。從一九九五年至今，她領導的格力電器連續十幾年銷量和銷售收入、市場佔有率居大陸同行業之首，納稅超過三十五億元人民幣。二○○三年，格力電器公司連續第三年入選美國《財富》雜誌評

選的「中國上市公司一百強」，並被國際最負盛名的投資銀行——瑞士信貸第一波士頓評為「中國最具投資價值的十二家上市公司」之一。董明珠撰寫的記錄自己行銷道路的自傳《棋行天下》，也引起了業界轟動，並被大陸中央電視臺改編為黃金強檔連續劇。

在風雲變幻的商海中，看起來強勢的董明珠卻具有極其單純的信念：工作，就是為格力發展得更好，就是為社會作出更多的貢獻。她信佛，相信因果報應，因此她一直謹守著商家的誠信。她外表嚴厲卻心細有加，個性堅強卻也浪漫，但她最突出的個性還是她的堅持，只要她認為是對的原則，她就會雷打不動地堅持下去。她的這種韌性就如同一朵帶刺的玫瑰，你在聞著她的芳香的同時，也要小心她的那根刺，你想和她做生意，就得遵循她的原則。

董明珠在《棋行天下》中寫道：「棋行天下，並非統一天下，而是和所有人一起走下去！」她一直把事業當作棋局，把行銷當作一盤棋來下。平常的人們只重視誰贏誰輸，而且似乎總要爭鬥出一個輸贏才過癮，而董明珠卻堅持一種輸贏之外的「雙贏」。在商戰中更該讓雙方都有利有獲。這便是董明珠的高明之處。她正一如既往地眼觀全局，心懷全局，有了她的這種商業胸懷，又有誰能夠戰勝她呢？

也許正因為董明珠是一位女性，她以女性的愛恨分明、注重公平競爭的堅定信念去征服她的對手，而不是

使什麼花招和手段。她的真心誠意最終讓她的事業如日中天，讓她和她的「格力品牌」一直走在世界的前沿，屹立於同行之首。

・從行銷員到「格力模式」

對於完全不懂空調的董明珠，進入空調行業的第一步，竟是從「追債」開始的。整整四十天的「圍追堵截」，她從一個賴帳幾十萬元的經銷商那裏追回了全部帳款。至此，董明珠的行銷才能開始一發不可收。

董明珠在工作中給同事的印象是「面冷內熱」的行銷高手，她苦苦堅持讓廠家和商家共贏的信念，她苦苦思考鋪開行銷網路的良策，她日日夜夜為格力的銷路操心，以至於夢裏想的也是格力。功夫不負有心人。一九九五年，董明珠發明了「淡季返利」的行銷策略，即依據經銷商淡季投入資金數量，給予相應利益返還。這樣把「錢 - 貨」關係，變成「錢 - 利」關係，既解決了製造商淡季生產資金短缺，又緩解了旺季供貨壓力。一九九五年格力淡季回款比上年增加三點四倍，達十一億元人民幣，眼看很快就會走在春蘭的前頭。緊接著，董明珠又想出了「年終返利」的方法，將七千萬元人民幣利潤還給經銷商。真正實現了廠家和商家的雙贏，而董明珠也深得所有經銷商的信任和敬佩。

一九九七年，董明珠又著手創建了「區域性銷售公司」這一獨特的行銷模式，就是在全國各地甚至世界各

地佈設自己的銷售點，每一個點委派幾個得力的助手與當地的經銷商，共同行銷格力產品和做好售後服務工作。在這個行銷網路下面，像國美、蘇寧等大賣場的格力空調總銷售額就不會佔據重要位置了。所以即使沒有這些大賣場，格力也能順利地出售自己的產品。這就為幾年後的「格美事件」打下了伏筆。

二○○三年八月份，董明珠開始了新的「自我否定」，在原有的格力模式基礎上進行變革，增長銷售分公司的股份，強化對銷售分公司的控制。

二○○四年，「格美大戰」爆發，格力國美分道揚鑣，全國各地的國美商場裏再也看不到格力的產品。輿論界對董明珠一手創建的「格力模式」再次提出質疑。但只有董明珠自己心裏明白，自己一定可以給業界人士一份滿意的答卷。她的堅定有了成果：

二○○五年，格力家用空調銷量突破一千萬台，一九九五年開始，格力空調連續十一年產銷量、市場佔有率均居行業第一。

董明珠改寫了商界的「遊戲規則」，她成功了，所以一向以沉默和冷血著稱的國美老總黃光裕，在面對這位「商界鐵娘子」時，也只能流露一種「崇高的無奈」。

國美若想再次與格力「聯姻」，遊戲就有了新規則，而這個新規則的制定者將是「格力之母」董明珠。

·簡單而堅定的魅力女人

董明珠是一個堅定而美麗的女人，也是一個追求生活簡單的女人。

她的堅定是建立在自信的基礎上的。她認為自己從來沒有錯，更不許別人說她的錯。她在家電行業一路拼殺，深深地體會到了商場上競爭中的血腥與殘酷，在一片質疑與否定聲中，她堅定了自己的決策，她要爭取達到最理想化的效果。結果沒有讓她失望。

她是一個美麗的女人，家電行業是以男性為絕對優勢的領域，她因此成為家電行業中不可多得的一道靚麗的風景。她是剛中有柔，剛柔相濟，她的美麗更是一種堅強的美，智慧的美。

董明珠曾對記者說自己很愛看書，很嚮往書中人們的生活。她說：「書裏的人是人，我們也是人，為什麼不能像書中一樣生活！」她其實很簡單，很純粹，倘若卸下格力的重擔，沒有了生意場上的血雨腥風，她只是一個簡單而愛美的女人。

Chapter *8*

天生的談判專家：
女人的談判能力

　　談判是一項必不可少的職場生存法寶，也一直被當作是男人的專利和強項。男性的談判技巧駕輕就熟，往往讓許多職場女性無所適從。今天的女性比過去任何時候都需要掌握談判技能。職場文化的許多變化，迫使女性不得不更多地掌握對自己事業的控制權。如果你想成功，就必須要對談判有全新的認識，因為女人不再是弱者的代名詞，通過談判，你才能獲得自己應有的一切。

女人，你要學會談判

忍讓、寬容、遷就一直是女性的社會傳統。和男人相比，女人很少會通過談判來爭取自己想要的東西。主要原因在於有時候她們根本認識不到情況是可以改變的——她們已經習慣了忍讓，已不太會主動提要求；有時候她們擔心提出要求會破壞人際關係的和諧，因為經驗告訴她們，當女性主動爭取自己的需求和渴望的時候，社會的反應常常是不友好的。因此女性就不自覺地在避免談判。

在公司，女性很難開口要求加薪升職，一般不會主動要求老闆認可自己的業績；在家裏，她們不要求老公分擔更多家務，任勞任怨。

談判是一項必不可少的職場生存法寶，也一直被當作是男人的專利和強項。男性的談判技巧駕輕就熟，往往讓許多職場女性無所適從。談判常被看作是仇敵般的你死我活的戰鬥，但在整個社會趨向理性、和諧發展的今天，談判的過程不再那樣劍拔弩張，它被看作是一個最理想的協作過程。

這種相對溫和的談判態度對女性而言更具吸引力，因為女性本身是不喜歡「火藥味」十足氛圍的。試想一下，一個端莊的女性若擺出一副要同人大幹一場的樣子，是會取得很大的負面影響的。

今天的女性比過去任何時候，都需要掌握談判技能。職場文化的許多變化，迫使女性不得不更多地掌握對自己事業的控制權。電子商務的興起，尤其是網路拍賣和交易網站的繁榮，使人們創造出了一個全新的購買、銷售和交易的環境，很大程度地改變了女性賴以生存的生活和職場環境。同時，婦女在家庭中的角色作用也正悄悄發生著變化，她們更懂得如何平衡生活中各種相

互衝突的社會責任。而在工作和生活中，談判成了切實有效的生存之道。

如果你想成功，就必須要對談判有全新的認識，因為女人不再是弱者的代名詞，通過談判，你才能獲得自己應有的一切。

彰顯女性強勢，克服性別劣勢

談判桌上的唇槍舌劍，猶如變幻莫測的刀光劍影。誰都想知己知彼，摸清對方的底牌，爭取最大利益，掌握最大的主動權。在一場據理力爭、高智商的商務談判中，女性經理人該如何以柔克剛，以軟化硬，「四兩撥千斤」般運用自己的智慧進退自如，攻守得當？該如何在比拼企業實力的同時，把握時機，贏得主動？這需要好好運用女性的強勢了，它體現在：

強勢一：冷靜處理問題

雖說女人是感性的動物，常常發洩一些小情緒，但真正遇到大事的時候，女性往往比男性更加冷靜。比如在商務談判中，遇到挫折或者雙方相持不下的時候，女人就是能憑藉自己的冷靜與智慧，運用以軟化硬、以柔克剛的策略處理問題、解開僵局且不會傷到雙方的和氣。這時的女人無疑是談判桌上的美麗救星。

強勢二：鑽進對方的「鞋子」裏

直覺、細膩、敏感是女性特有的天然優勢，而且女性們總是能夠將心比心，去體會對方的感受。事實上，商務談判也並非一定是一場「戰鬥」，對方也不一定是你的敵人，你若能夠處處站在對方的角度去考慮問題，恰當地提出一些利人利己的建議，談判將會是一場愉快的交流。當你不聲不響地鑽進了對方的「鞋子」裏，談判的結果就會令雙方都十分滿意。

強勢三：心態要平和

生活中的女性總會給人一種「小女人」感覺，尤其在男人面前，也常常會耍耍小脾氣，一定要得到自己想得到的東西。切記不能將這種情緒帶進工作中，職場上的你必須是一個心態平和、客觀冷靜的職業人。你不要太過於「寸土必爭」，顯得太小氣。客戶選擇永遠是雙向的，如果對方太激進，我們也會有所選擇，只有大家意念是吻合的，才會達成合作，這樣才不會給對方留下不快。當意見與客戶不一致的時候，我們就耐心地用自己的專業水準，慢慢去說服他們接受我們的意見。我們的眼光要放長遠一些，要看重長期的合作目標。這個過程中，女性切忌以硬碰硬，要始終保持平和的心態，以柔和的態度獲取客戶的信任。

強勢四：以退為進，攻守自如

商務談判中，「以退為進」是女性的一大優勢。各種談判中，女性成員是必不可少的，因為女性可以承擔緩衝氣氛打破僵局的重任，要發揮女性以柔克剛的魅力，最好的辦法就是「以退為進」。

談判時不能一心只考慮自己的利益，要清楚所有的交易都是雙贏的。你一定要給對方留些餘地，給他一些甜頭。女性談判時更要掌握談判節奏，對於一個難得的好專案，談判前一定要掌握好自己的底限（包括利潤和未來發展），在範圍內適當讓步。如果超出了底限，也不要一直糾纏，好專案不只這一個，不要浪費太多的資源。如果你認為一個項目是一塊值得雕琢的璞玉，你可以耐心地談，計算好得失優劣。

《易經》中說天地萬物有陰必有陽，有善必有惡，有對必有錯。人也一樣，有優點就有缺點，關鍵是看你如何以弱用強，以

強避弱。

我們談了四點女性的強勢，下面再說一下女性的幾點弱勢。

弱勢一：思考問題過於感性化

過於感性化是女性在職場中的致命弱點。在處理事務時，她們很難真正從深度、高度上思考問題，往往過於看重和相信表面現象。在談判中她們會輕易地相信對手所描述的假象，而不會進一步從客觀事實和調查出發，從而給了對手可趁之機，給公司造成重大損失。

弱勢二：缺乏足夠的自信

女性處理事情時總會再三考慮，把事情弄得複雜化。也許這是一種充分準備，但更有可能是你在猶豫不決。在現代競爭異常激烈、瞬息萬變的商戰中，是絕不允許談判人員有絲毫的猶豫的，你必須是堅定自信、胸有成竹的。而女性往往就缺乏充足的自信，職場女性應該學著果敢、果斷行事。

弱勢三：缺乏全局觀

「頭髮長見識短」是形容一些女人缺乏長遠眼光，只侷限於小節的性格特點。在今天的社會裏，這句話當然有些過時，但確切地說，當代女性還是比較缺乏統觀全局的戰略意識。在商務談判中，有時會因不注重全局，在一些小事上糾纏不清，而造成以小失大的慘痛教訓。也就是說太「認真」有時不一定是好事。在此，告誡職場的女性們要以大局為重，千萬不要「撿了芝麻而丟了西瓜」。

當然，以上所說的強勢與弱勢僅僅是反映一大部分女性，可能有不當之處。至於如何發揮強勢克服弱勢，這需要女性在各自

的職業生涯中，不斷地磨練，不斷發現問題並解決問題。

避免女性的談判陷阱

在溝通與談判的場合當中，女性主管常常因為避免衝突，不想帶給別人壓力，而無法爭取應有的權益，導致她們成為談判中的失敗者。女性該如何既表達了己方的意見，並讓對方與自己站在同一戰線上？

雜誌《職業婦女》（Working Women）每年針對各行各業婦女的薪資調查發現，美國女性職員與同資歷、同職位的男同事比較，薪水大概少了四分之一。一位剛到大學任教的女教授也發現，女同事往往在一開始就同意了學校開出的所有條件，不懂得也不敢據理力爭；男同事則不然，他們會繼續與校長談判，要求更多的研究經費和更好的辦公室。當然，也有許多傑出的女性十分擅長溝通談判，她們有過人的溝通能力。她們能夠自信地提出看法，仔細地聆聽對方的要求。她們完美地表現了理性的一面，展現了柔韌的特質。

如何避免談判中的陷阱

對女性經理人來說，談判技巧的掌握與訓練相當重要。每個人每天都會面臨不同的危機，需要談判溝通來解決危機。例如早上起來，必須讓小孩乖乖聽話準備上學；到了公司，必須和同事溝通分工；當上司指派的工作量超出你的負荷時，你要學會適度反映，要求協助。現代的職業女性必須身懷絕技，才能兼顧工作和家庭，才能扮演好個人生活和群體生活的角色。

在訪談多位女性經理人之後，作者發現：許多女性經理人在談判過程中，常不自覺地暴露自己的弱點，因而導致談判的失

敗。常見的錯誤有：

一、沒有把握住談判時機，以致機會流失；

二、不想「當壞人」或帶給別人壓力；

三、太容易暴露自己的缺點。

美玲有著天生的管理客戶的能力，公司主管為此指派她完成一項新任務。美玲覺得要把握住每次受重用的機會，就接下了這項新任務。但此刻她手上工作非常繁重，根本沒有足夠的人力物力。但她沒有及時向主管要求更多的資源與協助。結果她雖然顧到了新任務，卻忽略了原有的客戶，她的聲譽因而大打折扣。如果當主管指派這個新任務給她時，她能夠適度說明自己目前的情況，並要求主管提供協助，可能會一舉多得。

遇到這種情況就要靈活運用溝通及談判藝術了。女性們常常會顧及各種人際關係，不願破壞和諧氣氛。談判時，對方就會抓住她們這方面的弱點，爭取到更多利益。長此以往，女性獲得挑戰性工作的機會就更少。要改變這種狀況，女性需要克服前面提到的三個錯誤。

如何讓對方和自己站在同一陣線上

要讓對方和自己站在同一陣線上，是個大學問。關鍵在於你是否有能力讓對方跟著你的思維走。在雙方都瞭解了彼此的不同意見之後，共同解決問題並不是一件難事。

一般情況下，談判時除了談自己的需要之外，要適時把對方引入談判主軸，讓對方說出自己的需要。當對方提出自己的意見時，我們也要尊重這些意見並在聆聽中向他們學習。這是一個互惠的過程。在雙方立場的交換中，對議題的看法可以更多元化。

談判過程中，有時對方很看重面子，因而顯得態度強硬。這

時你就站在對方的立場想 想，考慮到對方的感受，一定要顧及對方的面子。當你給對方機會表達立場、感受或想法時，也就是給了自己機會多瞭解他們，以便做出更好的應對手段。

女性商務談判必勝術

其實女人和男人一樣有很好的口才和表現力，只是女人這方面的才華往往體現在日常生活中，而沒有將之用在職場上。男性的商場談判藝術遠比女性強。所以女性要想脫穎而出、打開局面，就必須發揮女性的特質，熟悉談判的技巧才能最終獲勝。

談判的普遍規律是「贏者不全贏，輸者不全輸」。自己贏一點，也留一點給人家，人際關係才圓融。上談判桌前，你要先擺正自己的立場。每天的商場談判中，你的談判對象除了客戶外，還可能是長官、部屬。女性談判似乎更加困難，因為她們還必須拿捏住分寸，不能太強又不能太弱。要成為談判的贏家，你至少要清楚外界對談判桌上的女性持什麼樣的看法，才能為自己進退理出一個頭緒。

美國社會學家們研究表明，女性比較注重公平性的問題：人家對我好，我就對他好；人家對我不好，我對他也沒啥好臉色。典型的例子是女性在購買東西時總是物比三家，討價還價，折騰個大半天，她最怕受到不公平的對待。女性們的這種特性有利有弊。利是女性的談判準備工作比男性周全，弊是太計較公平，反而在許多事情上轉不過彎來。也就是說不夠圓滑。太在乎追求公平的人，對許多事就放不開手腳，讓事情變得更難做。

美國學者的研究報告還指出，多數的男性是根據自己的實力來決定該怎樣做。他們的策略比較靈活：他覺得合作時的利益大，就會採取合作態度；他覺得衝突能增加利益，他就任由衝突

發生甚至人為地製造衝突。他們很少計較別人會怎麼樣看待他，這是一種做大事的胸襟。

當你瞭解了這些研究結果之後，怎樣在自己和對方各自的立場上保持平衡，是女性要細細思量清楚的要點。

雖說女性通常容易目光短淺，較難把握大局，或者說缺乏謀略。無論如何，大部分原因是因為女性對自己談判的能力缺乏信心所致。我們發現：雄心勃勃的人總是比胸無大志的人容易得到更多的回報，這不僅是由於他們懂得良好的談判藝術，更是因為他們不會輕易接受遠離自己目標的條件。

女性可以先從談判小問題開始訓練自己的談判技巧，逐漸過渡到重大的事情。比如從菜市場上的討價還價到如何以最好的價錢買房；從試著說服男友同意你與女朋友們去渡週末到說服老闆給你升職加薪，再到向客戶爭取一筆大訂單……所有這些小事大事的談判訓練，會讓你越來越有經驗，越來越從容不迫，越來越有信心得到你想得到的東西，也就越有機會取得事業的成功。

在女性當中有許多人不喜歡談判，因為她們無論運用何種方式，結果似乎都無法令人滿意。溫和主義的讓步，會導致不公正待遇而悶悶不樂；強硬主義得逞一時，卻威脅到和他人長遠的關係。你若有求必應，就無法表達自己的願望、維護自己的利益；你若想事事占上風，日後誰還願意跟你打交道？專家給我們的談判技巧和分寸是：

（1）以柔對剛

職場談判中，女性最好保持自己的柔美。一個過於自信和進攻型的女人，總是容易招致對方的敵意。在走向談判桌的時候，面帶微笑，神情放鬆，關注對方，以友好合作的態度出現在對方

面前。切忌像男性那樣一臉的上戰場的「殺氣」。男性用此計策是想首先打一個漂亮的「心理戰勝」，以震住對方。女性若採用同樣招術，反而會招致對方的反感。

因此談判一開始要展示女性溫柔的一面，先得到對方的欣賞和喜愛。女性不用擔心這樣做你會顯得沒有威信，在今天社會背景下，此種方法最有效。

（2）談判即是合作

Roger Fisher 和 William Ury 在《讓對方說好》一書中，第一次提出了「談判即是合作」的概念。與對方談判，就是一次合作的過程。你要就事論事，對方不是你進攻的對象。女性們平時也在不自覺地運用此法，比如換位思考、替別人著想等等。這種技巧很適合女性。但要注意，瞭解對方的利益是要讓你和對方得到共同的利益，不能因讓對方處於困境而感到愧疚。你要把握住自己利益的底限。不要輕易讓對方看出你的情感。當然熱情和幽默兩種情感很有感染力。

（3）巧舌如簧

當對方拒絕與你合作時，當他採取強硬的立場時，你不要急於反擊，這會使雙方處於僵局，談判也將進行不下去甚至最終擱淺。在這種情況下，你要深呼吸，沉住氣，鼓足勁，處變不驚，穩如泰山，然後制敵。

例如你想在週五請假一天，而老闆卻堅決拒絕。你可以這樣說：「我清楚您會不贊同我的要求，我想這會給您帶來一些困難，您告訴我有哪些困難呢？」老闆會說：「沒有人能代替你的崗位，你的工作只能由你自己去完成。」你也可以這樣回答：「我理解你的想法，但是我確實要在這個星期五做一次實習(或是

上課，或是照看我的孩子)。您覺得我哪一天休息不會給您帶來問題？」顯然，雖然你的要求未必能得到滿足，但你嘗試過了，使得雙方都瞭解了各自的需求。以後的某個時間總能找到一個切實可行的解決辦法。

學會了說話的方式，運用富有技巧的話語在談判中對雙方都有益處，也不會讓任何一方感到是失敗者。而且這樣也不會破壞雙方之間的關係，甚至能改善雙方的關係。

（4）敢於要價

職場中，沒有誰不希望在工作業績上去了以後，能夠得到更合理的薪水。在美國出版的一本暢銷書《女人不提問題》中，就提到了向老闆提出加薪要求時的技巧，也揭示出了女性害怕和上司談論薪水問題的毛病。很多女性想要加薪時，心裏總是揣個兔子，七上八下、忐忑不安。而男人則把這種談判當作一個刺激的遊戲。調查表明有百分之二十的女性一生中從未嘗試去談判加薪，即使那些自認為是工作上的談判好手，能夠狠狠地向供應商殺價的人，也不願和老闆談薪資問題。她們只能在嘴上表示一下抗議，最後還是被動地接受現實。

男性們則不僅與老闆談判第一份工資，更談加薪、更換崗位、爭取獎金等問題。這樣，隨著時間的流逝，男女之間的差距就越拉越大，男人和女人雖然以同樣的能力開始工作，得到的待遇卻差上好幾倍。

（5）提出要求

要得到某個問題的答案，你要開口向人提問，要得到你一直想得到的東西，也要張口向人爭取。勤奮不一定能得到上司的賞識，出色的工作也不一定能得到獎勵。一個不會開口的人，別人

就會搶走你做夢都想得到的崗位，別人就能獲得你夢想中的豐厚報酬。

在過去的東方社會，也許女性還沒有足夠的能力控制自己的生活。近四十年來的發展，我們的社會有了巨大的進步，雖然社會上的職場仍然是男人一統天下，但一個敢於提出自己要求並努力爭取的女性，得到的比你想像中的更多。

談判高手四件致勝武器

女性在談判時的著裝也至關重要。也許有不少女性會在一些公共場合發現自己的衣著與別人「撞車」了。在美國白宮的一次宴會上，就發生過類似的尷尬事件：一位官員的妻子竟然與總統夫人的禮服一模一樣。談判中遇到這種情況就更加尷尬，大家本來是來談生意的，卻把注意力集中到這兩身衣服上了。

為何會出現這種情況？也許女性們只按自己平時的穿衣方式，只要做到職業一些，就不會有這樣的事發生，怪就怪大家都習慣去追求潮流，去追求所謂的「最莊重」、「最正式」。

這就要提醒女性朋友們注意下面的四件致勝武器了。

武器之一：時髦的正裝

一般情況下，你是不敢貿然地選擇「非正裝」作為你的「談判服」的，那麼你可從小處著眼，讓你變得與眾不同，如在襯衣上、裙擺上做做文章。

現在時髦的職業裝應該裏襯有點閃光的彈力面料——低領而不暴露，它所傳達的流行主題是：「八小時以後，你要去酒吧輕鬆一下。」你的裏面的襯衣正適合那種場合。你還可以選擇在肩頭衣擺有精緻刺繡的襯衣，領口、衣襟時隱時現的浪漫會體現一

種典雅的溫柔氣息。而這種感覺是優秀的職業女性所希望的。此外，你還可以選擇有著幽雅的側面開叉的套裙——只要面料上不是太花俏，上司也不至於如此古板。

武器之二：專業人士的「便衣」

一般情況下，一些從事創造性勞動的人士，比如電腦程式設計人員、服裝師、職業作家等等，完全可以愛怎麼穿就怎麼穿。可以毛線衫加牛仔褲，也可穿一身輕鬆的運動裝，也可穿拉鏈衫。因為你的老闆心裏清楚他要用的是你的創造才能而不是你的穿著。只要你對公司有所貢獻，只要你不至於穿得像街上的流浪漢，他才不在乎你穿什麼呢！一襲黑衣可以從容地出現在任何場合。如今職場上的著裝已經相對人性化、自由化了。

武器之三：小飾物飾出美的格調

現代社會，人們比較注重身上的小東西的裝飾，以此來顯示一個人的著裝特色。而是否穿著正裝已不再是關鍵所在。與套裝不一樣的 CALVIN KLEIN 小禮服，將腰線移上新高位，立刻讓下半身變得修長起來。

最應該注意的是眼鏡、手錶、鋼筆、胸針的品質，以及髮型的固定等小問題。眼鏡可以是你的一種道具，即使你並不近視，也能用它傳達你的職業形象，或前衛或嫻靜都可以用它們演繹突出。其他像手錶、鋼筆等也是品味的極好載體。

至於髮型，髮型的乾淨雅觀當然不能忽視。你也不必為了這一談判專門去做一個莊重的新髮型，還是按你平時自然的裝扮，更能夠把握分寸。

作為「救命色」的黑色系列，每個人都能夠穿出你個人的特色，這是一種永遠不會錯的選擇。它的質地、款式你可以隨便

選。此外，「健康的性感」也已經成為辦公室中的流行形象。

武器之四：有技巧的說話方式

生活中，我們有許多說話的技巧。比如在邀請一位朋友來你家吃飯，你若說：「你有空的話來我家吃頓飯吧。」雖然你是誠心誠意地邀請對方，可對方聽上去就會覺得你誠意不夠，是不會上你家來的。而你若說：「你什麼時候來我家一起樂一樂，週六還是週日？」讓對方一聽心裏就很舒服，他會選個適當的時間拜訪你家的。這兩句話看上去沒什麼不同，仔細品味一下，確實有細微的差別。

往往談判語言表達方式不同，得到的結果就不一樣。由此看來，表達技巧高明才能贏得期望的談判效果。

我們不妨先看一則笑話。有一次，一個貴婦人打扮的女人牽著一條狗登上公共汽車，她問售票員：「我可以給狗買一張票，讓它也和人一樣坐個座位嗎？」售票員說：「可以，不過它也必須像人一樣，把雙腳放在地上。」售票員沒有否定答覆，而是提出一個附加條件：像人一樣，把雙腳放在地上，去限制對方，從而制服了對方。

學會談判並不是一件難事，只要你努力學習，掌握有關的談判技巧和策略，你一定能夠成為談判高手。

洞悉對手的身體訊息

談判是一種溝通和交流的方式，但不是只用嘴巴說用耳朵聽，你可以五官並用。眼神、手勢和姿勢可以傳達更多的資訊。作為談判一方，你要留意並研究對方的身體語言所傳達的各種資訊，這些細節也許是你談判成功的關鍵所在。 有這樣一些典型

的身體語言：

（1）擦眼鏡者

當你的談判對方開始用手擦他的眼鏡時，表示他正在思索你剛才的提議，也暗示你這時應該暫停你的陳述。等他重新將眼鏡掛上鼻樑時，你的闡述再重新開始。

（2）鬆懈的表現

也許對方在談判過程中會表現出精神上的鬆懈狀，他沒有坐直、好像不夠專注、甚至一副垂頭喪氣的樣子。這其實沒有什麼不好，只要能將談判堅持下去而不阻礙交談。你若想讓對方緊張、嚴肅起來，最好是用你的眼神提醒他。無論怎樣鬆懈的人，幾乎都不會拒絕對眼神的接觸。

（3）緊張大師

對於一些初入職場第一次去面試的人，會有一些恐懼感。也會有明顯的緊張和焦躁不安，以致在面試官面前身子僵直、很不自然。你若是這位面試官，你要做的是放鬆對方的心情，讓他有賓至如歸之感。你可以安排比較舒適的座位，或者採取主動的談話方式，鬆解你的領帶，面帶笑容，來表現一種舒適輕鬆的氛圍。其實大家都不想讓自己變得緊張、焦躁。每個人都想擁有舒適愉快的感覺，所以如果你能消除對方的緊張不安，他會覺得好一點，對你心懷感激，這有助於談判的成功。

（4）膝蓋發抖者

我就有過類似的經歷，第一次上演講臺時，雙腿發軟，膝蓋發抖不已。人與人在談判時，也會出現這種情況。作為談判一方，你最好能讓對方的膝蓋停止發抖。如果你不這麼做，談判不

會有任何進展。這時你可以邀請他站起來，去吃頓午餐，喝點飲料或散散步、提提神。別以為非得在辦公室和會議廳才能進行談判，美國前國務卿季辛吉便是「走路談判」的大師。每個人都有多重身分，多種角色，所以在不同的場合，會表現出不一樣的表情。你在辦公室和在自己的臥室的形象就大不相同，但無論你身處何處，你都該相信自己的本能，弱處改之，發揮長處。

　　總之，雖然輕鬆的談判方式是每一談判者的理想，事實上沒有誰能夠真正放鬆。你必須時時刻刻注意觀察你的對手，並不斷地思考如何讓對方接受你的觀點。對方發出的任何細微的資訊，你都必須做適當的反應，以幫助談判的順利進行。隨時關注對手的言行舉止，保持一定程度上的警覺，你要清楚一時的遲疑、遲鈍，都可能導致談判失敗。

　　假使你是一個個性很強的人，可能你的對手會因此感覺不適，從而對你們正在討論的所有問題變得過於敏感。注意諸如咳嗽、彈指、轉筆以及其他不耐煩等，都是會造成雙方變得緊張的信號。你要學會處理，最終圓滿完成整個談判過程。

萊斯：輕鬆周旋於男人的世界

　　一九五四年十一月十四日，萊斯出生於美國阿拉巴馬州的伯明罕，他們全家於一九六三年移居丹佛。萊斯的父親曾任丹佛大學副校長，母親是小學音樂教師，姑姑是維多利亞文學博士。在這樣優越的書香家庭環境下長大，使得萊斯從小就受到了良好教育。

　　十五歲時，萊斯便進入丹佛大學學習英國文學和美

國政治學。一開始，她的老師說她沒有學習的天分，萊斯曾一度陷入了困惑之中。但命運之神還是光顧了少女萊斯，讓她遇到了一位著名的政治學教授——約瑟夫·克貝爾。在克貝爾教授的引導下，萊斯找到了自己最感興趣的學科和研究領域——東歐、蘇聯的政治及國際關係。從此萊斯一心撲在了自己的學業上。

十九歲時，萊斯獲得了丹佛大學政治學學士學位。後來，她又分別於一九七五年和一九八一年獲得聖母大學的政治學碩士學位和丹佛大學國際研究生院政治學博士學位。一九八一年，二十六歲的萊斯成為了史丹福大學的講師。

一九八九年一月，三十四歲的萊斯走出象牙塔，出任喬治·布希總統的國家安全事務特別助理，開始了她的政治生涯。萊斯是研究蘇聯問題的專家，因此很受器重。在當時，在布希政府的官員中，萊斯是有史以來美國政府中職位最高的黑人婦女。在白宮任職四年之後，萊斯回到了史丹大學，成為了胡佛研究院中的一名高級研究員。

一九九三年，萊斯出任史丹福大學的教務長，她是該校歷史上最年輕的教務長，也是該校歷史上第一位黑人教務長。

二〇〇〇年美國總統大選時，萊斯再次進入白宮，作為共和黨總統候選人喬治·沃克·布希的首席對外政策顧問，為小布希出謀劃策。小布希當選總統後任命萊

斯為國家安全事務助理。與老布希打過交道的萊斯，同樣是小布希總統不可多得的好助手。

二〇〇五年一月二十八日，萊斯出任美國國務卿。她是繼柯林頓政府的馬德琳・奧爾布賴特之後，美國歷史上的第二位女國務卿。

作為美國國務卿和布希總統信任的幕僚，萊斯是有史以來美國政府裏最有影響力的女性，可能也是世界上最著名的黑人女性之一。她經歷了不平凡的人生經歷，做過學者、教授、教務長和外交政策顧問。她的「學界——政界——學界——政界」的經歷，讓她在世界政治舞臺上揮灑自如。她走過阿拉巴馬州的伯明罕、科羅拉多州的丹佛、加利福尼亞州的帕羅・阿爾托，最後進入白宮，從白宮出發的她，足跡遍佈全球。她不愧為政界出色的「黑公主」。

萊斯是一位鎮定自若、優雅迷人、極度忠誠、虔信宗教的女性，這都與她自幼得到了良好的教育有關。她能說一口流利的俄語，她還學過九年法語，並能彈一手好鋼琴，她深愛體育運動，所以她有一副好身材。她的這些優勢為她在政治舞臺上的成功「表演」起到了非常重要的作用。

萊斯之所以能夠被兩代布希家族「相中」而進入白宮核心領導層，跟她的豐富學識、敏銳的洞察力、雄辯的口才、女性特有的優雅風度有很大的關係。萊斯做過大學教授，做過學者，這是她涉足政界時最好的基石。

　　萊斯最初有機緣闖入布希圈子，是在一九八七年史丹大學的一次晚宴上。當時她發表了幾句簡短致辭，正因這幾句致辭改變了她的一生。萊斯與政治學系的同事們一起參加一場活動，時任福特總統國家安全事務助理的布倫特·斯考克羅夫特發表了講話。在那次活動中。年輕的政治學教授萊斯博士的講話，引起了斯考克羅夫特的特別注意。當斯考克羅夫特成為老布希總統的國家安全事務助理時，他馬上開始著手挑選與他在白宮共事的人。而他腦袋裏很快就浮現出史丹福大學的萊斯教授。

　　可以説萊斯當初選擇研究蘇聯問題，也是她在此後能夠被委以重任的關鍵因素，因為當時正逢美國和蘇聯的冷戰時期，雙方都希望需要精通各自國家事務的專門人才。由於萊斯是蘇聯事務專家，她當即被任命為國家安全委員會蘇聯事務司司長。在這一職位上，聰明能幹的萊斯不僅贏得了同事們的尊重，而且很快成為老布希總統和夫人芭芭拉的私人朋友。

　　一九九五年，萊斯有一次去造訪喬治·布希夫婦，喬治讓萊斯在回家前給他在休士頓的兒子打個電話，她同意了。這也許是老布希特意而為之，因為憑他的機智他很清楚，萊斯將會是政界的一顆耀眼的新星，她也必將是輔佐自己的兒子小布希的好人選。當時的小布希剛剛當選為德克薩斯州州長，於是小布希州長與萊斯的友誼就這樣開始了。

一九九八年夏天，萊斯正與布希家族在肯納貝克港渡假。她和小布希就當時突出的國際問題進行了一系列深入的談話。小布希正在考慮競選總統，他知道萊斯在國際關係上的見解獨特，會給自己帶來很好的指導。小布希常常提出了這樣的問題：「你覺得美俄關係怎樣？美中關係怎樣？軍隊的狀況怎樣？」

就這樣，萊斯開始長期擔任小布希最親密的外交政策顧問。從競選初期開始，萊斯就與小布希關係密切，經常向他進言獻策。更重要的是他們彼此投緣，合作非常愉快。小布希曾說過「我喜歡和她在一起。她很有趣。我喜歡輕鬆的人，不喜歡那些認為自己很重要、難於相處的人。而且她很聰明！」這樣的話，他親切地稱萊斯是「親密的至交，心靈的朋友」。

萊斯在白宮智囊團中常常為小布希深入講授國防、武器擴散、歐洲和其他問題。由於小布希不喜歡閱讀現成的國家安全政策手冊，萊斯必須設計一種較為人性化的方法為他講授課程，她為小布希和顧問們搞了一種提問和回答的圓桌形式。萊斯之所以能夠穩居如此重要的職位，是因為她能夠將極為複雜的政策問題用一種簡潔明瞭、形象化的語言表述出來。小布希很賞識萊斯就是因為萊斯能夠以布希本人的理解方式去闡述外交政策問題。這也正是萊斯運用良好的「談判」技藝的緣故。

在外交領域，跳過芭蕾的萊斯長袖善舞，足智多謀。她是布希的「導師」和「秘密武器」，影響力甚至

超過國務卿鮑威爾。美國很多對外政策出自她的「錦囊」。當初，美國不顧國際社會的反對，執意發動伊拉克戰爭，導致美國與歐俄之間出現齟齬。布希對此一籌莫展。萊斯給他支了三招：教訓法國，忽略德國，寬恕俄羅斯。後來，布希採納這一「妙計」，在一定程度上分化了法德俄之間的一致立場。

萊斯一方面有著強硬對外政策和現實主義理論，一方面有著獨特的個性。她經常笑容滿面，很少高聲說話，但骨子裏充滿了堅定的決心和力量。一次，前國務卿季辛吉沒有預約就突然來到總統的橢圓形辦公室，想向總統進諫，沒想到被萊斯擋了駕。她說：「今後一切涉及美國外交的事都得經過我，任何人都不得例外。」季辛吉氣得吹鬍子瞪眼卻又無可奈何。萊斯因此得了一個響亮的外號──「好鬥的公主」。

早在萊斯就任國務卿之前，分析人士普遍認為，比起前任鮑威爾來，擁有布希「聆聽耳朵」的她，將能更加得心應手地開展工作。毫無疑問，與白宮的緊密關係是萊斯手中最有力的砝碼。一些外交官甚至表示，和萊斯交談就像直接和布希溝通，不必再考慮這是否確實是美國政府的真實立場。

萊斯相信，只有面對面地交流，才是最好的溝通方式。所以她極力提倡「皮箱外交」的理念，也身體力行地這樣做了。自二○○五年一月二十八日正式就職以來，萊斯相當一部分時間都在不同時區間穿梭，走起路

來也一陣風，這和她在日出之前散步的風格一脈相承。萊斯上任以後的最初三個月中，出訪時間加起來長達一個月，總旅程超過十一萬七千公里，差不多相當於環繞地球三圈。萊斯的首次出訪就覆蓋了歐洲和中東的十多個國家和地區。

二○○五年三月二十五日，萊斯在約旦河西岸的拉姆安拉與巴勒斯坦民族權力機構主席阿巴斯舉行聯合記者招待會。當天，萊斯在巴勒斯坦主席府會見了巴民族權力機構主席阿巴斯。這次訪問期間，萊斯與各方商討如何恢復中東和平進程，核心是重開巴勒斯坦與以色列和談。萊斯中東之行前後，國際社會各方也在探討如何恢復中東和平進程。阿拉伯國家聯盟將在二十八日至二十九日召開峰會，主要議題是重申二○○二年提出的解決巴以問題的「阿拉伯和平倡議」。萊斯車隊二十五日駛過約旦河西岸，與聯合國秘書長潘基文的車隊不期而遇，後者也正出訪當地。巴以和談陷入僵局多年之後，中東地區似乎又迎來忙碌的「穿梭外交」。

從二○○六年二月至十二月初，萊斯完成了十九次出訪，訪問了四十六個國家，行程覆蓋四大洲。

Chapter *9*

最佳的管理者： 女人的管理優勢

　　女性管理者要明白自己首先是一個管理者，然後才是一個女人。和所有的管理者一樣，女性最需要的也是富有遠見、洞察力與戰略方向感。不要因為自己是女性，就處處表現出一些情緒化，或者為一些小事而忘記了大責任、大目標。因此女性管理者在工作中要有一個良好的心態，發揮自己的優勢，克服性格弱點，不斷提升自己的領導力。

女人是最好的管理者

「時代的轉變，正好符合女性的特質。」

——現代管理大師彼得・杜拉克

「組織需要培育，需要照顧關愛，需要持續穩定的關懷。關愛是一種更女性化的管理方式。」

——加拿大著名管理學家亨利・明茨伯格（Henry Mintzberg）

從某種角度來說，女性在職場上表現出來的優勢，與其天性密切相關。英國里茲大學女教授梅特卡夫曾主持了一項這方面的調查。調查結果顯示：與男性相比，女性管理者的職業素質有十大優勢：堅決果斷、耐力持久、善於引導、敢於創新、富有靈感、開放納新、決策清晰、長於合作、腳踏實地、善解人意。

女性們的細膩、敏感、形象姣好、聲音動聽等特點，以及與生俱來的親和力、靈活性，使她們在人事、財務、公關等職位上有著特殊的優勢，在管理工作上更是如此。女人敏感細膩的天性，使她更能親近雇員，準確體察他們的心態與狀況；而女性柔性的管理方法，能把冰冷、嚴格的人事條例詮釋得富有人情味，有利於規章的推行。一個優秀的女性管理者應具備以下三種素質：堅定、果斷、溝通。

堅定，女性要具備堅定的立場、堅定的信念。只有堅定才不會被困難嚇倒，並千方百計地去克服它們。這對女性尤為重要，有決心才有信心，有信心才有希望。

果斷，女性切忌優柔寡斷，對於一些重大的問題要做到「一準兩快」——看得準、決策快、應變快。俗語言：「台上一分鐘，台下十年功」，女性管理者的果斷品質是要靠平時一點一滴的自我修煉而成。

溝通，這是所有職業人最為重要的能力。溝通是親和力和凝

聚力的表現與管道，女性完全可以拿出平時與「三姑六婆」們大神侃的本事，轉換一下你的角色，學會與自己的領導、同事和下屬溝通。只有溝通才能達到相互理解，只有傾聽各方面的聲音，才能公平公正地處理問題，溝通能力不足就談不上公司的發展和個人價值的實現。

在職場中認清自己正在扮演的角色非常重要。女性管理者要明白自己首先是一個管理者，然後才是一個女人。和所有的管理者一樣，女性最需要的也是富有遠見、洞察力與戰略方向感。不要因為自己是女性，就處處表現出一些情緒化，或者為一些小事而忘記了大責任、大目標。因此女性管理者在工作中要有一個良好的心態，發揮自己的優勢，克服性格弱點，不斷提升自己的領導力。

有個作者在採訪了許多在大公司從事銷售、管理工作的女性後，講述了這樣一個道理：女性一定要在工作中尋找樂趣，以愉快的心情投入工作。對此，美國史必克大中國區人力資源副總裁劉曉華也深有感觸：女性要在職場上佔有一席之地，首先要時時擁有一個好心情。工作時要有好心情，才可能提高自己的領導力。女性領導力有其獨特的構成，它主要包括正直感、承諾及溝通能力，但情緒化、缺乏前瞻視野是部分女性的弱點，要提升自己的領導力，女性管理者必須學會揚長避短。

女性管理者的管理技巧

我們說女性是最好的管理者，是相對於男性來說，女性有其獨特的管理優勢。那麼女性管理者在具體的工作中應該怎樣做，才能獲得員工的欣賞及配合呢？我們可以從以下幾點出發：

（1）從性別與年齡的角度

作為不同年齡段的女性，你可以是一個母親，一個姐姐，一個妹妹，更可以是一個女性朋友。你可以在日常工作中展現你富有個性化的管理風格。不管對女性下屬還是男性下屬，你一直保持女性角色，既威嚴又有慈愛包容之心，下屬的工作效率可能會超過你的預期。當然，其中有一個「度」的把握，需要你自己在特定的環境中拿捏好分寸。

（2）從職責角色的角度

對於一些不需要深度溝通的行業與組織，這種淡化管理者性別特徵，只做好職責分內的事情，表現出一般化的管理風格的模式非常實用。尤其是一些勞動密集型組織，女性們若忽略自己的性別，執行力可能會更強一些。

（3）發揮自己的人格魅力

不管是什麼性別的管理者，法定權力的使用都要適當，需要充分表現自己的人格魅力，一種個性化權力。一般而言，對於創業型的小公司，女性更善於傾聽和民主管理，決策的差錯率比較低，同時也更執著和堅定。這些女性們更能充分展現自己的人格魅力。練過太極的人都知道「以柔克剛」的功夫。你用好了你性格中的柔與剛，你就能贏得更多的理解和支持。

（4）建立良好的企業文化

每一個企業發展到了一定的程度，就會形成富有自己的個性的企業文化。但如果一個企業一開始就能注重自己的企業文化建設，企業將會發展得更快更好，也能吸引更多的優秀人才。建立相對合理的規範和相對公平的規則，建立適宜員工與公司共同成

長的企業文化，是你從企業走向成功的法寶。尤其是女性，可以運用自己的思維、個性、性別優勢，形成一個相對舒適的企業文化環境，讓你的管理才華邁向更高的臺階。

（5）多一些人文關懷

懂得管理的人，都知道「管理」不是「管制」，而必須賦予管理更多的激勵因素。比如工作中充分賞識你的員工，工作之外多關注員工自身的健康和生活狀況，比如說員工的感情、家庭、孩子等等，給予他們更多的人文關懷。當然你不是在監管也不是在干預他們的生活，是對員工感受與生活狀態的關注，女性管理者可以做得更細膩和有人情味。

女性管理者的六項修煉

要想做一個成功的管理者，僅具備高超的知識和技術水準是遠遠不夠的，如今的社會給了知識階層更多的機會成為一名管理者，你面對的不再只是書本上的東西，而是活生生的人，都說跟人打交道是最不易的，所以你還需要在其他方面加以修煉：

（1）學習溝通技巧

良好的人際關係是做好管理工作的基礎，善於與人溝通的人，才能做好管理工作。意欲走上管理崗位的技術人才，尤其要在這方面下大功夫。我們經常碰到一個人的專業技術特別棒，但他與人相處的能力卻很糟。這樣的人是不適合做管理的。

（2）拓展知識領域

我們常說人要活到老學到老，這是很有道理的。你是一個科技專家，你善於從技術角度來看待問題，但你有時卻缺乏把握全

局的戰略眼光；你是一個文字工作者，但你時常因感情用事缺乏邏輯思維而苦惱不堪。所以一個管理者應該既是一個「技術專家」（熟悉你的業務），又是一個「心理學家」（懂得管理你的員工）。一個技術人才做管理，要在平時的工作中拓展自己的知識領域，彌補你在管理方面的不足。

（3）善於展示自己

能把最抽象的理論闡述得淺顯易懂是高人，他們能在舞蹈表演的過程中，把高難度動作發揮得如行雲流水般流暢。「許多科技專家經常擁有一些絕佳想法，但可惜的是他們在展示想法時，不是讓人感到無聊，就是引不起聽眾的興趣。」學習一些展示自己的技巧非常實用，而這也是管理者所應該具備的素質。

（4）多聽專家建議

優秀的前輩和專家，在企業的運營、管理等許多方面，都具有豐富的經驗。如果一個技術人才想要走上管理者的位置，多聽從他們的建議，定會受益匪淺。

（5）平時積極磨練

對技術人才來說，在工作中樂於承擔責任，能很好地鍛鍊自己的領導能力，並為事業的發展打下基礎。比如負責一些新方案的實施，或主動分擔上司的工作等，都是很好的鍛鍊機會。

（6）充分瞭解自己

並非每個人都適合當管理者，瞭解自己，發揮專長，成為資深科技專家，同樣能達到事業的頂峰。

女性管理者必備的三大素質

在男性管理者佔據絕對優勢的今天，女性要想擁有一席之地，需具備非凡的素質，社會對她們的要求會更高，自己也需要對自己有更高的標準。

（1）用自信凸顯女人的強勢

古人云：「欲強人者必先自強，欲信人者必先自信。」女性領導者要自強自信，要強化三方面的修養。

首先，你要強化主動意識，弱化被動意識。重視「我做什麼」，不過多注意「別人待我如何」。不要希冀別人的幫襯，不要埋怨社會的不公，不要拋棄真實的自我。對成功者，要多借鑑他們的成功之處；對失敗者，要多總結別人失敗的原因。既不頂禮膜拜，也不落井下石。要努力克服自卑心理，建立自信心，儘量釋放個性能量。要用自己的思想來思考問題，要用努力的工作來證明女性自身存在的價值。

其次，要儘量使自己的性格健康、多元化、多色調，不做單一性格的人。過於呆板，過於活躍，都是不可取的。女性領導者為人要學會嚴肅而不失親切，靈活而不失穩重，嚴謹細緻而不失粗獷灑脫。工作中要有獨立的見解，敢於獨樹一幟，遇事不人云亦云。同時又要善於從眾，善於尊重別人，善於吸收別人意見中的合理成分，求同存異。千萬不要秉性怪異，看這不順眼，看那不合意，百般挑剔，千般斥責。

第三，女性領導者要體現自身價值，同樣要善於挑戰。因為面對強者的挑戰是一種鼓舞，一種激勵，能激發出自身內在的活力。而嫉妒他人是無能的表現，嫉妒的結果，受傷害的不僅是他人，更多的是自己。作為女性領導者，即使挑戰中遇到再多的困

難，也要把每次挑戰當作財富，堅信「艱難困苦，玉汝於成」的道理。

（2）強化女性的獨特優勢

一位女政治家曾說過：「女性使政治世界更加人性化。」女性對政治的參與，本身就是維護女性人格尊嚴，提升女性在社會生活中地位的重要舉措。

女性領導要用辯證的觀點來看待男女差異，要充分發揮這種差異所帶來的優勢，使女性在與男性占主導地位的競爭中獲得均勢。生活中，女性領導者要克服女性自卑、懦弱、敏感、情緒化等弱點，保持健康向上的心態。要學會公正地評價和對待自己，摒棄「男尊女卑」的性別觀，宣導、追求真正意義上的男女平等。要正確把握理想和奮鬥目標，不做「金絲鳥」。不要刻意使自己男性化，要善於展現女性的思想和特徵。同時要注意克服自大心理，不要認為自己是女人，又是領導，就目空一切，產生高高在上的心態。要養成不論在什麼情況下都始終謙虛謹慎、戒驕戒躁的作風。

女性領導還要善於挖掘自身強於男性的一面，要堅信男性能做到的，自己也一定能做到，甚至做得更好。因為男女與生俱來性別上的差別，就決定了男性更趨理性的思維，女性更趨感性的思維。通常人們所說的男性是用大腦來思考、解決問題；而女人是用心來思考，其實也不無道理。女性領導者要充分發揮自己的優勢，用女性特有的人格魅力，來贏得積極的工作效率和成績。

作為女性領導者不能自我封閉，要大大方方處事，坦坦蕩蕩為人，要嚴以律己，勿放蕩不羈，於己淺薄；要安守婦德，勿傷風敗俗，於世不雅；要以實際行動抨擊少數不入流之輩對女性領

導者的偏見。

另外，女性領導者要杜絕貪婪心理，增強廉潔意識。要把權力當作責任，而不是牟取私利的資本，要始終堅持克己奉公、利及他人的原則。

（3）控制情緒，胸懷廣闊

古人云：「使氣最害事，使心最害理。君子臨事，當平心易氣。」女性領導者尤更慎之。

面對不正常的事，不正常的情緒，作為女性領導要冷靜，做到「猝然臨之而不驚，無故加之而不怒」，時刻保持好心情。女性領導者要養成不依靠別人來做自己的思想工作的習慣，要善於遇事自己說服自己，自己調節自己。

女性領導者還要具有自覺性、果斷性、堅毅性、自制性，才能主宰自己的命運，成為生活的強者。「鍥而捨之，朽木不折；鍥而不捨，金石可鏤」。在工作中看準的事，要想方設法把它完成好，要有毅力、有韌性，要不怕挫折，百折不撓。面對困難仍自信、堅毅、樂觀。「事業常成於堅韌，毀於急躁」。

此外，女性領導者還要學會寬容，要豁達大度，虛懷若谷，大事清楚，小事不計較。要善於容人、容事、容言。為人要隨和，學會順其自然，甚至要學會妥協，明白「退一步海闊天空」的道理。要「論人之善，忘人之過」，有一種釋懷的氣度。容得下和自己脾氣秉性不一樣的人，容得下比自己強的人，還要容得下比自己弱的人。

利用女性優勢做好管理者

男人跟女人之間是有區別的，這是一個永遠不會改變的事

實。你該是誰就是誰，應該以此為榮，要在這個基礎上絕對地發揮自己的特點。如今的時代已經進入到情感經濟階段，所以管理必須是人性化的。如果講情商，男人們就恨不得生為女人，因為女人的的確確與生俱來的情商就比男人的情商高，為什麼？因為女人是多情的。至少女性的七種情感可以發揮出來，幫助女性做個優秀的領導者。

著名的女性職業經理人葉鶯是這樣闡述她的女性「七情論」的：

（1）柔情

「柔情似水」這四個字沒有人用來形容男人的，而絕對是形容女人的。女人是水做的，再硬的鑽頭鑽不出河床裏的鵝卵石，可是水可以做到，所以「柔情似水」不是指徐志摩詩歌中寫的那種溫柔，像水蓮花無限的嬌羞，而是有一種滴水穿石的力量。

（2）激情

激情是由什麼刺激出來的？好奇心，沒有好奇心就沒有激情。當你剛認識一個男朋友和女朋友的時候，只要電話鈴一響，你的血液就沸騰起來，這就是好奇。他對我怎麼樣，我們怎麼回事，我們有沒有前途，這些疑問本身刺激了你。激情是從內到外的，你自己本身內部的一種好奇，激發你有這種激情。男人有沒有激情？有，可是男人通常講抱負、講責任，他必須要讓人家看到的是自己端正雄偉的一面，所以他有激情卻往往不敢表現出來。著名的作家也曾說：女人有一個特質，就是喜歡跟人家分享，一幫女人在一起喝個下午茶、喝個咖啡，邊講邊掉淚，旁邊圍坐者還安慰她，回家又是一條龍。男人可能找一幫男人來哭嗎？我們常要求男人要勇敢、要堅強，所以男人要隱藏他的情

緒、他的喜怒哀樂，我們不允許他表達，他不懂得去表達。

（3）熱情

有一個形容詞叫「熱情洋溢」。「熱情洋溢」往往是形容女人的。有沒有用來形容男人的時候？有，比如「感謝某某董事長、某某主席熱情洋溢的講話」，你看，「熱情洋溢」的後面是要加上兩個字的。可是用來說女人呢，就很自然了。比如「她真是一個熱情洋溢的女人」。

熱情必須要表現出來，特別是當一個企業處在黑暗、困難的時候，領導人絕對要有熱情，如果領導人不能讓他的團隊感受到他的熱情，那麼團隊裏的人就會感覺身處冬夜的森林裏，那是絕對留不住人的。

（4）親情

親情也是一個非常重要的特性，而這個特性不是說男人沒有，但是我們總是說「嚴父慈母」，男性的親情在男性的社會裏頭是不表彰而且不鼓勵顯現出來的。作為企業的一員，任何人恐怕都有這樣的渴望，就是渴望自己能夠得到一種如妹妹對我一樣的尊敬和崇拜，能夠得到一種像姐姐對我一樣的理解和接受，能夠得到一種像母親對我一樣的慈愛和呵護。每個人都想得到這些，不管你是男人還是女人，而這個時候，企業女主管就可以扮演這樣的角色，這是女性管理者的又一個優勢。

（5）友情

生活節奏加快，使我們已經沒有時間去交朋友了，可是一個人不能沒有友情，而一個女主管往往可以成為你的一個好朋友。當一個女性碰到不順心的事情希望找一個朋友傾訴的時候，去找

男主管談心是不方便的。如果是男性碰到這樣的事，他也不太願意找男主管談心，因為一位男性面對另外一個男性的時候，是很不願意暴露自己的脆弱、迷惑的，他還會考慮這個男主管在將來會怎樣評價我，會不會影響我將來的升遷。男性不能夠讓另外一個男性同胞知道他的任何弱點，這裏有面子的問題，有競爭對手的問題，有難以名狀的問題。

（6）恩情

我們說知恩圖報。通常女性的這種知恩圖報的情懷更濃、更深、更厚，記住恩情的時間會更長，這是一種薪火相傳的情懷，這種情懷是女性血液當中天生的一種因素，因為女性本身就是孕育生命的搖籃。

（7）真情

有一句話說「情近於癡才會真」，而女人往往比男人更癡。當女性鎖定了一件事，鎖定了一個目標，她會很執著。比如薛寶釵的那種癡，就是例證。男性裏很少出現「薛寶釵」，因為男性裏面比較欠缺這個特性。在中西歷史裏面，像這樣真情流露的，很多很多都是女人。當然現在很多的男性也開始發揮女性的這種特質，比如我們看到一些男性領導在公共場合掉眼淚，雷根第二次出任美國總統發表就職演說時，引用了西班牙一個戰士的日記，當他流淚哽咽時，人們並沒有因此而看低他，反而覺得他是一個非常人性的領導。

展現女性獨有的管理魅力

許多傑出的女性智慧出眾，才幹超群，風度驕人，以其獨特的領導魅力構築了一道亮麗的風景，因此作為女性領導者，要自

覺地培養和增強女性的領導魅力。

（1）用思想的魅力折服人

巴爾扎克曾說過：一個能思想的人，才真正是力量無邊的人。這句話足見思想在人的行為活動中的引領和鼓舞作用。由於歷史和社會的原因，女性在領導之路的跋涉，要比男性艱辛沉重得多。女性要縱橫馳騁於領導舞臺，勢必要比男性付出更多的心智和精力。所以女性要成為有魅力的領導，最根本的是要成為有思想魅力的人，只有在思想光芒的引領下，女性才能在領導之路上勇往直前，戰無不勝。

一個有魅力的領導者，往往是知識淵博、思維敏捷、目光遠大的人。

女性領導者除應全面學習理論知識外，還應涉獵廣泛，視野開闊，不斷增加知識容量，更新知識結構。尊敬、佩服、擁戴比自己才學高深的人，是一般人具有的心理素質，女性領導如果品行高潔、才學逸群，必定能使自己吸引和影響周圍的人。

（2）用充滿自信的行動影響人

美國人馬爾頓強調：「堅決的信心，能使平凡的人們做出驚人的事業」。有領導魅力的領導，對自己的判斷力、領導能力和領導績效充滿信心和較高的期待，在領導過程中充滿熱情，處事自信又果斷。在現代政治生活中，女性領導者相比於男性領導者有一些心理優勢，如細緻入微的觀察力、善於溝通的協調力、敏感的直覺感應力等等。充分認識發揮這些優勢，必將排除心理困擾，塑造女性領導者的自信。

女性領導者要富有感情，善於喚起眾人熱切的希望。這樣，自己不僅被內在的精神力量牽引，一心一意達到預定目標，而且

能在行動上和與人的接觸過程中，感召他人，激發他人的自信心。

女性天生比較脆弱、溫柔，但有魅力的女性領導者，卻能在複雜的事物面前，從容大氣，多謀善斷，指揮若定。

女性具有溫馨、善解人意、協調溝通的情感與能力，有魅力的領導者能充分發揮這一優勢，將其特點有機地融入到領導科學和管理藝術中，這種關愛人、體貼人的情感與現代管理科學理論以人為本的思想高度一致，有效地增強團隊的親和力和凝聚力。英國前首相柴契爾夫人在處理繁雜的國家事務時，十分剛強、果斷、幹練，而且對同僚十分和善體貼，時常噓寒問暖，有人生病了或家中有親人病故，她都要親筆寫信問候，有時還親自下廚為同僚們準備晚宴。所以她的部下說：「我們為她工作常常通宵達旦，廢寢忘食，雖得不到高額報酬，但我們都願意盡忠盡職。」

（3）用美麗的形象吸引人

縱觀中外政壇，一批傑出的女性，如萊斯、柴契爾夫人等，她們在領導活動中，不僅以智慧出眾、才幹超群而受到世人的敬佩，而且她們獨特的個性氣質和姣好的儀容風度也令人傾倒。

作為女性領導者，氣質風度非常重要，是女性領導魅力的一個有機組成部分。

女性領導要想比別人更突出、更優秀，必須具有比他人更好的個性、心態和體力，具有更強烈的感染力，能感染和激發下屬的潛能，喚起他們對達到工作目標的熱忱。

女性領導在待人處事中應端莊誠厚，舉止沉穩大方，雍容大氣，言談思路清晰，機智幽默。帶頭維護和遵守社會宣導的行為規範，一言一行與自己的身分相吻合，讓領導者的權威與女性的

親切、溫婉和諧地融為一體。

　　女性領導者良好的氣質品味、富於個性特徵的儀容風度，是增加女性領導魅力不可或缺的內容。長期以來，人們對女性領導有陳舊的心理定勢，壓抑、扭曲了女性領導在儀容形象方面的審美意識。其實，女性的儀容風度不僅僅是衣著儀態的外表美，而且有著豐富的內涵。女性領導應根據自己的工作環境、生活氛圍、個人特點，不斷加強自我修養，注重情趣培養、氣質薰陶，使自己的內在氣質和外在儀表都散發女性的芬芳，飛揚迷人的風采。

　　領導魅力是每一位女性領導都應該具備的。領導魅力的養成不可能一蹴而就，垂手可得，需要不斷加強修養，在實踐中長期磨練、培養。

（4）用鐵腕＋溫柔的方式領導人

　　許多的調查證明：作為一個領導者來說，女性還具備許多男性無法比擬的優點。「女性管理者的協調能力比較好，更注重體察員工的心理需求。並且女性做事認真、細心，穩定性強。」曾長期從事人力資源工作，並且身為女性領導者的新華信管理顧問有限公司副總裁劉海梅這樣說。某集團副總裁總結他所接觸的女性管理者的管理風格，認為：「女性管理者的韌性較強，在逆境中表現堅強。女性善於溝通，比較容易說服別人。並且女性處事細膩，決策慎重，企業不容易出現大起大落的情況。這些都是成功企業家必備的素質。」

　　不過作為女性領導者，女性的弱勢在於果斷力不足、做事不夠自信，並且女性偏向感性，而在做決策時是需要理性的。

　　因此女性管理者應具備雙性優勢，這是女性人才未來發展的

方向。具體說來就是女性管理者在具備女性優勢的同時，也要具備一些男性的優秀品質。具親和力而不失原則，注重細節而不失全局，擅長梳理而不失決斷力，不斷提升自己的領導力。

　　女性在事業上要想有成就，就必須具備比男性更堅強的心理素質，向男性學習。在成功女性的身上，融合了男女兩性的氣質，既有女性的溫柔、細膩、富於情感的一面，又有男性的剛強、果斷、意志堅定的一面。由於女性具有以上優勢，在尋求合作、實施人性化管理方面，往往比男性更容易獲得成功。近年來，在管理學界有一種說法，女性化的領導模式是未來的發展趨勢。事實表明，權威型、命令型的男性領導模式即將被人性化、情感型的領導模式所取代，而女性由於具有感情細膩的心理特點並善於把這一優勢融於管理之中，形成女性獨特的管理風格，因此往往容易獲得成功。

　　卡莉・費奧瑞納就是這方面的典範。卡莉・費奧瑞納接管惠普公司後，她比此前的任何女性都更深入地進入了傳統的男性領域。這不只是零零碎碎的工程師工作，而且是真正的男性世界：大碗喝酒，挽起袖子，到大農場去打獵。她將女性的管理魅力和智慧與男性鋼鐵般的意志融為一身。

　　有一些女性管理者，感覺比男性管理者更冷酷、更缺少溫情，應該回歸一些，不能光顧著剛的一面，丟棄了柔的一面，應該剛柔相濟。這是給這類女性管理者的忠告，因為你首先是一個女人，然後才是管理者。

Chapter *10*

進行自我包裝：
女人的品牌策略

　　談判是一項必不可少的職場生存法寶，也一直被當作是男人的專利和強項。男性的談判技巧駕輕就熟，往往讓許多職場女性無所適從。今天的女性比過去任何時候都需要掌握談判技能。職場文化的許多變化，迫使女性不得不更多地掌握對自己事業的控制權。如果你想成功，就必須要對談判有全新的認識，因為女人不再是弱者的代名詞，通過談判，你才能獲得自己應有的一切。

職業女性要學會打造個人品牌

「品牌」在今天人們的眼裏，已是司空見慣的名詞。公司和企業在打造自己的品牌，市場上在銷售品牌，消費者都在關注品牌，生產者在宣導品牌，「品牌效應」已深入人心。

也許許多人會認為品牌只是企業活動，似乎與個人沒有什麼關係，但是從深層次來說，我們每個人都在打造自己的品牌：比如你就時常注意自己的形象，想給別人一種好的「形象品牌」。可見品牌的打造，不只是一種企業行為，企業通過塑造傑出品牌來推動企業的發展，而個人也可以採取相同方式走向成功。我們相信，個人要想在這個競爭越來越激烈、越來越複雜的世界上取得成功，就必須努力打造自己的個人品牌。

一個擁有優秀個人品牌的人，總會留給別人與眾不同的印象。就像那些明星大腕們，他們是社會上公認的「品牌人物」。在充滿喧囂和混亂的現代生活中，要想讓別人關注你，給你展示才華和實現自我價值的機會，你就必須有意識地建立起自己強有力的「個人品牌」，有效地將自己在家庭、生活、工作和社會中的種種關係品牌化。而要想擁有和諧、愉快的生活，贏得更多信任與認可，你就一定要生活在自己的優秀品牌中，讓家人、朋友、老闆還有同事真正理解並完全認可你，進而建立起令人愉悅、富有價值的人際關係。

一個人要成功地向世界展示出一個清楚的自我形象。你是怎麼樣的一個人？別人會看重你的什麼？你該如何始終如一地貫徹著自己的承諾並贏得別人的信任？

曾蔭權的領結便是一個極富個性的品牌。隨著其當選為香港特首，他的這一小飾物也成為媒體關注與討論的熱門話題，並隨著討論的傳播而成為曾特首的一個標誌。「領結品牌」不僅成為

了主人的一種標誌，也展現了他本人的個性風格，體現了其人文色彩和價值觀念。曾特首的品牌理念為他在事業上的成功立了大功。

今天的職場女性同樣需要這樣的品牌觀念。職場的現實決定我們不只是在尋找一份工作、一個職業，也不只是為了謀求一時的生存，而是要通過塑造自己的品牌來彰顯自己的價值。有了自己的品牌，就能獲取比別人更高的身價，就不擔心失業後找不到工作，就可以在各種活動、各種場合成功地推銷自己，就能夠最大限度地實現自己的價值，贏得社會的肯定和尊重。如果我們有了自己的品牌價值體系，就能夠去影響人、教育人、感召人，征服人。

職場女人打造自己的品牌需要掌握以下要點：

（1）性格決定定位

「江山易改，本性難移」這一古訓自有它的道理，性格是形成人差異化的最基本的元素，也是最穩定的品質元素。「性格決定命運」，你首先要清晰地界定自己的性格特徵，然後確定自己的事業定位和形象定位，這是塑造個人品牌的基礎。

人的性格本無優劣之分，只是特徵各不相同。關鍵看你是否找到了適合自己性格特徵的工作，並將其發揮到極致。個人的形象來源於個人的語言和行為，以及這種語言和行為與受眾形成的反應和共鳴。同為節目主持人，有的人品牌形象是學者風度，給人思想深刻、知書達理、富有知識的感覺；有的則是記者型的主持人，形象好、英語好、能駕馭國際突發事件的報導；有的是播報新聞方式獨特，表現出極具親和力的形象。

（2）塑造個人識別標誌

這個識別標誌可以是長相特點、衣著裝飾，也可以是某種語言或某個行為。有些標誌並不一定是生來就有的，而是要通過在公共場合的表現或直接對外宣傳將你這個特點展現出去，讓它成為你獨有的個人標誌。

在人們的印象中，辛隆的光頭，已經是他獨特的個人形象品牌了。其實在社會上，光頭也是不計其數，而只一兩個人將這種形象變成了自己的識別特徵，關鍵在於他們維持了大眾化形象的一致性，成了這一族群的核心代表。

（3）積累個人故事

一個有故事的人，往往是一個有強烈吸引力的人。故事是讓人瞭解個人歷史的重要途徑，講你自己的人生故事會使聽眾產生一種身臨其境的感覺，並會為故事中的言行而動情，從而去全新地瞭解你，並熱愛你。故事使個人貼近生活，貼近受眾，能創造現實感，是個人品牌讓人崇拜和尊敬的重要元素。

為體現比爾‧蓋茲的創新、聰明、叛逆的天才形象，塑造了蓋茲「英雄出少年」的故事，這個故事的傳播無疑是一個精心策劃的過程，它極大地增加了蓋茲在受眾心中的神秘感和神奇感，引發了無數人的探求慾望，也贏得了無數人的崇敬。

（4）建立自己的價值體系

個人要成為品牌，必須建立起自己的價值體系，並通過各種概念、作品、講話，將這些價值體系傳播於公眾，以獲取公眾的信賴。個人在日常行為中也必須不斷地展示和傳播這種價值，以促進個人品牌的形成。

品牌是企業競爭的法寶，如今品牌也是個人競爭的法寶。對

於任何一個想在自己的事業領域有所作為、想在競爭領域保持領先者，必須要完成從職業（工作）到個人品牌的轉變。當你因某種原因失去一份工作時，你完全可以自豪地說：「留得青山在，不怕沒柴燒。」

（5）借助傳媒舞臺

個人品牌的形成，除了要注重日常生活與工作中的言行外，也需借助日益增多的現代傳媒，如各種網路、論壇、會議等，還有各種參與性的電視節目、電台節目。如果個人品牌要突出自己所生活和工作的領域，就必須要增加在社會上的知名度。而個人的價值主張和價值觀念，也只有通過傳媒才能為大眾所認知和瞭解，並且通過這些社會媒體的展現，積累自己的品質資產和信譽資產，傳播和累計品牌形象。

經營個人品牌的十個努力項目

你的「個人品牌」必須保持或不斷地提高其品質水準，才能產生良好的品牌效應。而其「中心價值」也必須有一致性。你得時刻保持你的競爭力，別「自砸招牌」。你的「個人品牌」代表著你的道德觀、作風、形象、責任，好的品牌之所以有優勢，因為它不但具有「正確的」、「吸引人的」特性，還有與消費者的「良好互動關係」。你要讓自己的品牌「美名遠揚」，替自己創造更多的機會！

如果長期以來你的「名聲」很好，你就同時擁有某種能力，擁有有意義的資訊，或安全、創意、樂趣、美麗、自信、機會等等好的東西。你的「個人品牌」就是成功的。如果你進一步擁有了他人「所想」、「所要」的能力，那麼，你就掌握了經營「個

人品牌」的精髓。

為了塑造好的職場「個人品牌」，在此提出「必須持續努力的十大專案」，供你學習和參考。

（1）提升專業能力

「專業過硬」是一種絕佳的個人品牌，也是一種內涵的呈現。專業能力代表了你擁有足夠的知識和技能，再加上較強的執行能力，你便是可以幫企業解決問題的人。由於不斷地有新知識及新技術的推出，為了避免過時，即使你已經是老專家，你也應該不斷地學習和提高，以保持你的「個人品牌」的高水準、高品質。

（2）謙虛的態度

一個真正有內涵的人是有謙虛品質的人。即使你已經取得了很大的成就，懂得謙虛仍是非常迷人的特質！有一位財經記者採訪過許多的企業主和有成就的人，他發現：越是有成就的人，對人越謙和！

（3）內在的自信

自信心是一種絕佳的個人魅力，自信的你可以吸引他人的認同及跟隨。即使面對未曾經歷的工作，你也要有信心和勇氣去克服它。如果你連自信心都沒有，也就沒有「個人品牌」可言。自信心是可以培養出來的，只要一點一點地累積成功的經驗，即使是從小小的成功開始，也會累積你內在的自信。

（4）學習力和恒心

學習能力是「個人品牌」不老的象徵，也是延續「個人品牌」的手段。一個不斷學習的人內心是豐富的，也更容易擁有自

信心及保持謙虛的態度。其實學習本身就是一種樂趣，你不能太功利地對待學習，否則你永遠也不能得到真知。

（5）溝通能力

溝通能力包括「傾聽能力」及「表達能力」雙方面。「個人品牌」必須透過溝通能力傳達出去。你必須要有能力在大眾前面清楚地表達你的想法，讓別人瞭解你、認識你；你也要學習站在他人的角度看事情，多聽聽他們的意見和建議，嘗試以對方聽得懂的語言溝通。

（6）領導能力

在現代職場上，你要嘛是「受制於人」，要嘛是「制於人」，你想在工作中取得主動權，你就要儘早學習領導能力。只有透過對他人的領導，才能更有效地傳遞你的理念。「領導力」也是一種魅力，想想看，讓別人照著你的意思走多有成就感啊。擁有「個人品牌」的人，通常也是很會利用領導能力的人，以此來擴大自己的品牌影響力。

（7）親和力

親和力是一種倍感甜美的氣質，讓人在不知不覺中被你吸引。親和力也是一種積極的軟實力，它能透過「與人親善」的特質發揮更多的影響力。許許多多的電視節目主持人就是這方面的代表。他們的親和力成就了他們極有魅力的「個人品牌」。

（8）容忍挫折的能力

EQ 一直在各行各業扮演著重要的角色。容忍挫折的能力便屬於 EQ 層面的一種能力，是一種絕佳的競爭力！在這個壓力大、變化快的職場環境，懂得容忍挫折，是保護自己渡過難關的

法寶！通過興趣的培養、人際的支持、運動等等方法，都可以有效地提升挫折的容忍力。有很強的挫折容忍力的人不會輕易情緒化，能夠以冷靜的心態面對職場的各種挑戰。

（9）外表

人的外表是靠「三分長相七分打扮」裝扮出來的。所以外表也相當重要，尤其在商業活動中，一定要注重外表的修飾。一般情況下，你給人的第一印象就是你的外表，當別人還沒有機會瞭解你的內涵時，就會從你的外表開始判斷你的優劣。學習讓自己看起來清清爽爽、專業誠懇，以整潔俐落來訴說你充沛的精神及良好的態度，是職場上必要的努力。

（10）展現強項（表現力）

每個人都有自己獨特的能力，這是你的強項所在。從你獨特的能力開始，是最容易建立個人品牌的方法。例如某部門中有一位做事非常細膩、不搶風頭，但文筆非常好的人，她個人品牌的重點就是「專業的編輯」，大量發行的刊物交給她，完全沒問題！另一位是創意王，反應快且精明，困難的事情交給她，她能以創意的方法簡而化之，執行得漂漂亮亮！她個人品牌的重點就是「解決問題的專家」。每個人都應學著找到自己強項，盡情地去發揮它們，這是快速脫穎而出的秘訣！

一個人的表現力決定了你是否是受人關注的對象。這是一個自我推銷的時代，你的表現是你的「最佳履歷表」！如果你讓所有接觸過你的人都佩服你、肯定你，機會自然會不請自來。

「職場五魅」助你成功打造品牌

剛才上面提到你要努力的十個方面，其中一個就是你的外

表。你不必咒罵現代社會越來越「以貌取人」，因為不論是哪個人，都可以在自己的外在方面下一番功夫，使自己更有魅力。也許你常常碰到「以貌取人」的人，也許只需三十秒，你的客戶或你的面試官就給你下了一個「最終判決」。也許就因為你的一個手勢，一句措詞，或是一個微笑，就能爭取到某份訂單，能被心儀的公司錄取，能受到老闆的提拔。從一定程度上來說，有些人之所以成功，是因為他們「看上去像一個成功人士」，他可以依靠他的這種「外部魅力」在職場如魚得水。這裏，我們給你提供了五種針對性極強的訓練方法，從此刻開始行動吧！

行動一：富有磁性的聲音

　　美妙的聲音是一種優勢，有的人天生就有一副好嗓音，這是她的幸運，而有些天生就沒有美好音質的人也不必自憐哀傷。藝術界的歌唱家們有他們專業的練聲方法，其實，我們非專業人士，同樣可以借鑑他們的經驗。國外有專門的職場聲音教練，他們給出的最基本的一條建議是：「在談話的時候，將身體放鬆，並且好好地控制自己雙腳的位置。」也就是說，如果我們能夠在說話的時候保持身體挺直，並將身體重心平均地分配到雙腳上，我們的言談就能更輕鬆、更自然，能夠給別人帶來更深刻的印象。這雖與聲樂練聲不同，但同樣有顯著的效果。

　　想想看，慌張、急促而又刺耳的聲音會讓別人感到多麼緊張！再想想看，口齒不清、沉悶壓抑、細聲如蚊的聲音會讓人感覺多麼恐怖！如果能將聲音放得稍微平和一些，速度控制得快慢適中，並且通過一些短小的停頓來引導聽你說話的人，便能夠很容易地贏得談話對方的好印象。

　　同樣，經常用「富有磁性」的聲音說話，比平常的聲音稍微

低沉一點的聲線，聽起來會多麼舒心！注意把握音高音調的「度」，聲音太響太尖了，就變成故意引人注意了。

對策是早上一起來就可以開始訓練，讓你的聲音變得更有磁性。在準備早餐、煮咖啡的時候，或是化妝的時候，用喉嚨輕輕地反覆發出「a」「m」的音，從低到高，由短到長，堅持訓練下去，不但聲音質量變好了，還能夠改善平時在重要場合說話時聲音顫抖的壞習慣。

行動二：優雅的姿勢

我們前面講過身體語言的重要性。我們不得不承認，優雅的姿勢在百分之五十五的程度上，要取決於我們的身體語言。當穿著套裝的你耷拉著眼皮，慢吞吞地橫穿整個辦公室時，肯定會在老闆心目中留下沒有睡醒、對別人不加理會或是無精打采的壞印象。然而，假如你是很輕鬆地、挺直腰板地快步走進辦公室的話，就會讓身邊的每一個人受到你的感染。

我們當然沒有必要像 T 臺上的模特兒一樣走出誇張的「貓步」，你只要注意，不要駝背弓腰就可以了。因為將身體蜷縮起來走路的人，常常會給人以一種很不真實的感覺。老闆在考慮升職名單的時候，當然會把這樣的人的名字第一個刪掉。

對策是仔細留意玻璃窗上你的影子，你是不是正在做著某種不雅的動作？你是不是把頭習慣性地偏向某一邊？你是不是正在叉開兩腿？這都是不雅觀瞻的女性動作，時時提醒自己，及時改掉它們。

行動三：真誠的尊重

尊重是相互的。你時時尊重著別人，你也會獲得他人的尊重。相信真誠的付出也會得到同等的待遇。一個聰明而受人歡迎

的談話者，往往會將自己的注意力集中在對方身上，向對方點點頭，時不時會心地微笑一下，和對方隨時保持眼神的交流，而且說的話比對方所說的要稍微少一些（最佳的比例是百分之四十九），你就是一個成功的傾聽者，你就做到了尊重他人。

你的言行已經表明你是一個注重和諧氣氛的人，一個尊重對方的人。抱有這種態度的人，往往能夠給對方充分的信任感，因為你讓他感覺到自己所談論的東西對於你來說是很重要。一個值得尊敬的聽眾，同時也是一個忠誠的會替對方保守秘密的人。

對策是試著多與不同類型的人進行溝通和交流，可以是一次晚餐，可以是一小會兒的電話聊天，時間允許的話也可以與對方促膝長談，並試著以尊重的真誠的態度去傾聽。

行動四：明智的大膽

在當今社會的職場中，許多女性往往是很小心謹慎地行事，畢竟她們是女人！但同時我們還要認識到「妹妹你大膽地往前走」的重要性！只是要注意的是如何區別自己的行為是勇敢還是冒險。明智的大膽是一種好品質。女性往往對自己的行為外表更挑剔，也更喜歡把自己隱藏起來，而且還喜歡不停地想，別人對自己都有些怎樣的看法。而只有當你對自己的信念堅定不移的時候，才會出現令人鼓舞的火花。

對策是常常想，那個在會議上發言的是你，你會怎麼說？多用「我」字進行說話訓練，以此來強調你的觀點。

行動五：吸引人的彙報

無論你的點子有多麼好，要想讓別人對此感興趣，就必須盡可能地將它描述得言簡意賅。工作彙報是很講藝術的。在報告資料裡加上一些有色彩的標記，或是注釋，突出重點，會比枯燥的

資料堆積更有吸引力。這樣便於你的老闆或客戶集中注意力去理解你所闡述的觀點。一旦他們對你的彙報產生了興趣，彙報發言的你自然也會倍受激勵，原來做彙報可以是一件令人愉快的事情！

對策是通常我們的工作領域對於非同行的人來說可能是非常陌生的，要他們一下子理解，會有一定的困難。因此不妨試著把你的一個新點子解釋給你在別的行業工作的朋友聽。如果能夠讓他很快地明白了你的意思，你就成功了。

讓你如魚得水的五大技巧

不管你是決定留在眼下的公司，還是打算另謀高就，以下五個步驟，將有助於你在事業上獲得如魚得水之感。

（1）未雨綢繆解決難題

向上級談論一下你的個人目標和你對公司的期待，可以使你受到注意，不過你還需要用事實證明自己。如同很多有能力的雇員在同一職位上徘徊多年而無進展一樣，僅僅做好現有的工作是不夠的，你應該著重於下一樁工作的籌畫和準備。

幾年前，吳小姐在一家公司擔任人事經理。一上任，她就遇到了頗為棘手的事情：公司的經理們搬到新辦公室去了，距離倉庫有好幾公里，倉庫裏的雇員們感到被忽視了，情緒波動很大，人心渙散、可想而知，這樣下去的工作效率會是啥模樣！於是吳小姐把自己的辦公室重新設在倉庫。處理雇員關心的種種問題，與倉庫管理員、故障檢修員們相處得很融洽。由於她對這一切處理得非常妥貼恰當，她很快得到了提升。

吳小姐做的是她工作職責之內該做的事，而你卻不可等著危

機來了才去證明你的膽識。職業諮詢顧問向大家提出建議：最好找個機會來證明一下你所能勝任的另一樁工作。

當你承擔更多的責任時，別忘了應隨時記下你所取得的成績。不必為此感到不好意思。比如為公司提出了一個非常好的創意而節省了時間和資金，或是給公司創造出了新的產品等等，這些業績檔案能從兩方面幫助你升遷：其一是你可用它來寫述職報告，讓你在現任職的公司有望得到提拔；其二是你可用它來豐富你的個人簡歷，尋找更理想的工作。

（2）提出建設性的意見

過去「唯命是從者」往往能步步高升，尤其是在一些行政部門和事業單位。但現在的管理層更重視那些敢於表達不同觀點的人。這些人的見解，常常能使公司避免重大損失或陷入困境，讓公司重新獲得新生。

你要敢於提出不同的意見，出示你的策略，但要注意提意見的方式方法，不要直接反對別人的看法，而應當提出建設性意見。比如不要說「這樣的辦法是行不通的」，「你這樣做會給公司帶來巨大損失的」！而要說「如果這樣，效果可能會比較好」。也許你的提議最終真的無懈可擊，成為了本領域本行業爭相效法的榜樣。

（3）全力以赴協助上司

不管你現在所處的職位的高低大小，你若能全力協助你的上司完成任務，你都會給人留下美好的印象。小龍在一家房地產公司擔任一般的電話銷售職員。他的工作只是不停地打電話給客戶，說服有意者租用本公司建設的摩天大廈。一次難得的機會，頂頭上司來到他的身邊，說：「我跟你一起打電話吧。」小龍一

點也不緊張地欣然同意。小龍對房地產情況瞭若指掌，上司肯定更諳熟各類租戶的需求。兩人很快攜起手來，各施所長，去說服租戶租用他們推銷的商業大樓。結果效果特別好。

這樣一來，他們倆就找到了工作相互配合的知音，一直相互幫助，共同合作。後來，當上司改行當高級管理顧問時，他介紹小龍到另一家規模很大的房地產公司任職。小龍如是說：「最關鍵的是他信任我。一旦他要找人洽談大生意，他知道派我去就放心了。」小龍因此也有了更多的提升自己的機會。

（4）贏得同事們的信賴

也許你的身邊還有許多同事之間的鉤心鬥角，但如今隨著現代技術的不斷改進，設備的性能提高了，硬體投資大了，不少公司在為了節省開支削減裁員，雇員的工作量因此大增。在這種形勢下，公司裏的分工合作顯得尤為重要。沒有同事們的大力支持，你將很難辦成一件事。同事們的支持至關重要。你要取得同事們的信賴，才有獲得提升的機會。

（5）設法自己創造職位

現實中在許多公司或企業裏，原本沒有的職位都是由某個人在做了深入的調查研究後，打個報告給上級，後經上級的批准，大膽地去實施、去努力，最後成為了公司和企業的重點職位。更有許多人在做著個人創業的不懈努力。即使你一時沒有合適的工作，你照樣可以為你自己創造一個職位往上晉升。

不管你是想在現時的公司晉升，還是試圖在外面找一個更理想的工作，這五個步驟都將為你達到目標助上一臂之力。只要你堅持不懈，機智靈活，你就會發現下一次升職指日可待。

瑪丹娜：二十世紀永恆的品牌女性

幾乎每一位專業的理財師都說過，成功需要具備很多的條件，如全球視野、戰略眼光、管控能力、風險評估，在瑪丹娜身上，你會很容易發現這些東西的存在。

由於職業的原因，瑪丹娜是一個非常開放、直率、透明度很高的人，然而每當話題一涉及她生意的經營狀況，能夠讓她侃侃暢談的東西，就為數寥寥了。

她從內心裏渴望公眾相信，她的名氣只是來源於她演唱方面的良好天賦。因此一旦雜誌的編輯們想要撰寫文章，著重討論她在商業領域超凡悟性時，她就堅決地拒絕談論利潤、收入的細目以及有關商業策略。毫無例外，瑪丹娜一樣地對她的工作人員或朋友說，別談論這些商業上的事情——這是由蘭迪‧塔拉博雷利執筆的《瑪丹娜》一書中談到的現象。

‧親自管理名下資產

在西方，絕大多數演藝人員都是通過經紀人或者私人的理財師來進行投資和收入的管理，他們本人從來不會過問或者親自參與經營，更不可能組織會議或對公司未來的發展方向作戰略規劃。

然而，瑪丹娜偏不如此。

《瑪丹娜》這本書反覆提到，她很情願花很長時間打理她的一切股份及投資項目，而從不將這些極其重要的工作委託給他人來進行。

所有資產包括她成立的多家非常賺錢的公司：男孩玩具有限公司，主要經營音樂和唱片等文化產品的版稅業務；莎琳電影公司，側重於從事電影和錄影帶的製作；威伯女孩公司，專門做音樂出版業務；還有一家音樂旅行有限公司，主要從事現場演出的簽約業務。

大型財經雜誌《歐洲商務》曾說，瑪丹娜不僅是憑著自己的本事賺錢，同時她還是一個頗具經營頭腦的房產投資人——她在英國投資主理了好幾處房產，從中贏得了十分豐厚的巨額利潤。

蘭迪‧塔拉博雷利還說，瑪丹娜總是一定要參加每一次與她的工作有關的工作會議——走入會議室時，她一定是拿著律師便箋簿和一支鉛筆。她的前男友約翰‧貝尼特斯這麼說：她總讓有關人員給她提供所有必要的商業資訊，跟其他許許多多的藝術家比較來說，她很善於更富有創意地處理這些資訊。她會記下一切相關的事項，同時還會進一步問很多問題，直到確切地掌握她想要瞭解的情況。

‧瑪氏生意經

瑪丹娜能夠獲得商業上的巨大成功，原因在於她一直不懈的追求和努力。

一九八四年一月，瑪丹娜首次在電視上露面，她對主持人迪克‧克拉克毫不遮掩地說，她的目標就是統治這個世界。

她的傳記作家在評價她時說：她的生存本能比蝙蝠的聲納系統還要靈敏。

變換包裝——瑪西亞·萊登·特納在一本書中談到，瑪丹娜最驚人的天分正是她的行銷技巧。跟傳統的保持品牌形象的行銷思路背道而馳，她經常著意變換外包裝(髮型、服裝、音樂主題、公眾角色等)，時刻保持內容的新鮮和出人意料——她是最善於運用網頁、趕超時代的精明行銷者之一。

·三個月能賺一億英鎊

英國《鏡報》二○○五年的財富榜顯示，瑪丹娜以三千五百萬英鎊的年收入額，身居英國所有歌手中個人收入之冠的寶座。正是在這張極具權威性的榜單上，世界知名的足球運動員大衛·貝克漢憑藉和皇家馬德里的合約及多個產品廣告，收入總額為一千三百萬英鎊，也僅是瑪丹娜同期收入的三分之一強。

資料表明，一九九一年，瑪丹娜經由各種音樂、電影和廣告專案獲得的總收入大約是六千萬美元，其中包含她通過金髮野心全球巡演活動賺得的三千六百萬美元。

經過十五年後，這個數字從一年六千萬美元上升為令人驚愕的三個月上億英鎊。

有關英國媒體報導，在二○○六年五月底正式拉開帷幕的瑪丹娜世界巡迴演唱會，可能是有史以來最賺錢

的女歌手系列演出，雖然這次巡演的國家僅有十一個，然而音樂界專家相信，門票收入將越過一億英鎊這個門檻，超過雪兒新近創造的九千萬美元的紀錄，一舉而成為女歌手演唱會收入之最。

況且，一億英鎊僅僅是對瑪丹娜巡迴演唱會收入的最低估算，原因是這次演唱會門票價格很高。拿英國來說，票價從八十英鎊到一百七十英鎊之間。除此之外，為了節省開支，這次瑪丹娜有意減少了出場次數，無形中也增加了演唱會的收入。歌迷表現出的對演唱會的期待和激情也令人驚歎不已，門票剛開始銷售，僅前四天，紐約、巴黎、倫敦、洛杉磯、芝加哥和邁阿密的門票便被搶購一空。十五年間，瑪丹娜的收入已整整翻了五、六倍。

節儉、吝嗇——她的工作人員都這麼說，她在一切開銷上都非常節儉。她房間裏的花哪怕枯萎了，也要再留一段時間，如此她就可以省去一部分買鮮花的錢。她要求女管家在購買家用物品時要用商店的優惠券，她還常常跑很長的路回家來關燈，從而節省電費。她不允許朋友給她打花費很高的長途漫遊電話，她在和朋友吃飯時通常不會主動結賬，她身上幾乎不帶現金。她的女發言人里茲‧羅森伯格也透露，就在她去演出時，她也常常順路捎上髒衣服，拿到自己的洗衣店去洗，她嫌飯店的洗衣費太高了。每當她自己在飯店結算時，她總是很仔細查看帳單，確認是否按照談妥的價錢進行結算，假

如她發現有差錯，她就會毫不遲疑地讓會計帶著帳單去找飯店經理理論一番。

計劃性強——不管生活還是工作，她凡事都做充足準備。她每天在睡覺之前，都要嚴格地把第二天要做的事項細想一遍，並列出一個書面清單，按照先後次序整理得清清楚楚。並且她還以她獨有的方式，將每天二十四小時分成許多個三十分鐘。瑪丹娜深深明白時間即金錢，她一定要每分每秒都要抓緊才行。

她時常對朋友們説：「我絕不偷懶，絕不允許自己有絲毫懈怠。一分汗水才會得到一分收穫。」同樣，瑪丹娜無論做什麼生意，都是事先就盤算好，一定要做到心中有數，有備無患。

雇傭最優——一九九一年，她的會計伯特‧帕德爾的年收入高達一百萬美元；她的法律事務公司採用了一種被稱為直覺記帳法的系統。在這個系統裏，收費多少是在事情辦妥以後，再通過和客戶進行協商而決定的，其數額取決於利潤的多少。瑪丹娜鮮有慷慨地説，就是沖著這個奇怪的算帳方式，她就值得付給律師工資。

另外，幾乎沒有歌手將功勞歸於製作人頭上，可是據瑪丹娜早期的製作人裏吉‧盧卡斯説，瑪丹娜常常當眾讚揚她的製作人，因此她與很多最優秀的製作人都保持了十分良好的合作關係。

關注顧客——至今為止，她賣出了上億張唱片，贏得了數不完的獎項，然而還是沒獲得音樂家的好評，她

還跟東家華納唱片對簿公堂，假如她很在意評論意見的話，很早以前她就只得把自己的抱負斷送了——《人物週刊》如此說。

瑪丹娜是商業行銷領域少有的天才，這也是為何有很多人願意把她在歌壇的成功，更多地歸功於她天才的商業頭腦的原因。她精於抓住大眾強烈的獵奇心理，為自己的作品不斷製造出更多的爭議和噱頭。無需諱言，正因為具有很大的爭議，她的 R 級表演以及《性》的禁售，反而激起了消費者極大的好奇心，從而迅速且大幅度地提高了市場的需求量。

哈佛大學的教授甚至將她對《性》這本書的銷售手法，作為經典的商業案例來評析，原因是他們都十分驚訝，如此一本爛書，居然能以高昂的售價賣出一百五十萬冊。《與瑪丹娜同床》在美國盈利達一千五百萬美元，作為製片人的瑪丹娜，其投資只不過是四百萬美元，淨收益竟為近三倍。

號稱物質女郎的瑪丹娜是個不解之謎，她是藝術家和企業家的稀有結合物，情感同理智高度融合，有著統治世界人類精神的普羅米修士的鮮明個性，她的 A 型工作狂完美出奇地揉進了難以言說的、巨大的性波驅動力。瑪丹娜是個完美主義者，卻又非常急功近利——關於瑪丹娜，美國作家米切爾·哈切森的這段評說大概是最好的一個歸納。

Chapter *11*

與身體同行：
女人的健康

　　如今是提倡健康美女的時代，職場中拒絕不健康的「林妹妹」。想想看，如果你每天帶著一副「搖搖欲墜」極不相稱的身材去上班，你會給同事們帶去怎樣的形象？本來纖瘦的身段，如果配上了一個大號的臀部，對整體形象的破壞就可想而知了。

◢◣ 職場拒絕「林妹妹」

在當今飛速發展的社會裏，時尚的潮流日新月異，人們的審美標準也一天一個樣，在骨感美女、超薄型美女引領風騷數年之後，人們對審美已經深感疲勞了。新時尚對美女標準又提出了新的要求：你的腰圍該多少、臀部該多大、胸部該多挺、大小腿該多細……等等一系列的標準，你是否符合這些標準呢？如果你的身材符合這一標準，那麼你將是典型的新時尚健康窈窕美女；如果不達標，你這個職場中的「林妹妹」該怎麼辦呢？

1.日常生活中的美臀訓練

生活中的大多數女性，往往因平時工作繁忙而沒有時間照顧到自己的臀部，而事實上女性的臀部是健美十分重要的一部分。只要你留心日常生活中的細節，就可以在生活中一邊處理日常事務，一邊輕輕鬆鬆地收緊臀部肌肉，再結合按摩保健、飲食調理等，可以省時有效地還自己一個漂亮性感的美臀。具體方法有：

在刷牙漱口時

刷牙時，兩腳併攏，肩部挺起，臀部用力縮緊。漱口時，臀部放鬆。每天不斷重複前面的兩個動作，可使臀部及大腿的線條更動人。

在沐浴鬆弛時

沐浴時，身體得到舒緩，心情也很放鬆，這是臀部健美的好時機。因為沐浴時身體暖和，血液循環加速，容易解除肌肉酸痛，更能消除身體的浮腫。首先放一池溫水，坐在浴缸中，將雙腿伸直，然後將一條腿屈起，用力將身體向前俯，維持十秒左

右，雙腿輪流重複這一動作，能起到收緊腿部及臀部肌肉的效果。

站立式練習

雙腿緊貼站立，雙手按牆而立。將一隻腳向後拉，持續五秒後將腳放回原位，另一隻腳重複此動作。每次左右腳各做二十次。

仰臥式練習

雙腳微曲平躺地上，雙手平放在兩側。利用腰力引體上升，維持約五秒後，將身體平放在地上，重複做十五次。

俯伏式練習

手腳伸直伏在地上。利用腰力向上拉高身體，維持約三秒。重複這一動作十次。

2.保持良好的腰身

生活中有許多女性抱怨自己的身體太胖，不夠勻稱，不夠有活力。那都是因為她們太懶惰的原因，其實有許多機會可以鍛鍊自己的腰身，但很多女性往往連走走路、爬爬樓梯都不情願，這就只能「自食其果」了。下面幾點可多練習練習：

多爬樓梯

樓梯是絕好的天然減肥工具，可多利用上樓機會，抬高腿用整個腳踏每一步臺階，下樓時腳尖先著地，然後整個腳掌著地，試著走走看，會覺得踮起腳走路費勁，但費力正可使下半身有效

地減肥。改變每天傻等電梯的「壞習慣」吧，就這樣每天堅持爬一段樓梯，效果很快就出來啦。

浸泡泡浴

挑選一個特別的時間，揀一種最喜愛的浴液，給自己來一個靚靚泡泡浴，還可以配上優美的音樂背景，也可以同時看看書、喝杯果汁。都說沐浴後的女人是最美的，步出浴池後的你肯定會心情舒暢、充滿活力。

早睡早起

充足的睡眠對女人非常重要，有許多女性的美容秘訣就是多睡好覺！人體要順從自然變化規律，「早臥早起、廣步於庭」，中午小憩片刻，給大腦「充充電」，能使人精神飽滿，頭腦清醒。

吃好早餐

現在有許多女性早上忙於化妝，時間不夠就忽視了一天中最重要的早餐。營養學家認為，吃好早餐可使人的新陳代謝從一大早就開始，而多餐少食和少吃肥膩食物可以保證你的能量在一天裏維持相對的平衡。還有科學證明不吃早餐更容易發胖哦。

活動肢體

每天活動活動肢體，是很簡單很容易就能做到的事。如抽空散散步、練練功、打打拳等。鍛鍊能加速心率，促進血液循環，改善肌體對氧利用的功能。堅持鍛鍊還可以調整身體狀況，不致使某一條筋肉的疲勞擴散到其他肌肉上。

常聽音樂

　　平時經常選聽振奮人心、消除疲勞、富有韻味的音樂，如孟德爾松的《春之歌》以及《步步高》、《狂歡》、《金蛇狂舞》等，可使你心曠神怡，充滿朝氣，還可以多聽聽優美的鋼琴曲，如克來德曼的《夢中的婚禮》、《思鄉曲》、《秋日的私語》等等，讓自己全身心地投入到音樂的美妙中去，忘卻一些世俗的煩憂。

和職業病揮手告別

　　由於現代的職業分工越來越細，每個人的工作內容也相對固定，加上越來越大的工作壓力，接二連三的職業病就隨之而來了：應激反應綜合症、纖維肌肉疼痛、甲狀腺功能衰退、缺血性貧血、頭痛、眩暈等等。

　　大部分女性職業者平時是沒有時間去鍛鍊身體的，所以只能寄希望於週末。而在週末突然集中鍛鍊，反而會打破已經形成的生理和肌體的平衡，其後果甚至比不運動更差，那麼在週末時期，什麼樣的人群適合什麼樣的運動呢？這裏我就給您一些較為合理的建議：

登山

　　登山適宜工作在電腦機房的 IT 族。因為 IT 人終日在密不透風的電腦房裏，整天被電腦散發的混濁氣體和輻射困擾，頭腦昏沉，如果週末還泡在健身房裏，你那久未呼吸到新鮮空氣的皮膚和身體，都會向你發出強烈的抗議。

　　登山是極佳的有氧運動，可以促進新陳代謝，加速血液循環，還可以提高耐力和腿部力量，增強心肺功能。週末登山，讓自己置身於大自然中，盡情呼吸，痛快流汗，把一周的煩悶和疲

勞通通丟掉。

打保齡球

保齡球適宜在某個職位已做了很長時間，卻久也得不到升職機會的人。由於一直辛勤地工作，卻總是苦於得不到領導的青睞，你雖然改變不了這種境況，但當你甩出保齡球的那一瞬，所有的怨氣和苦悶好像都被一起甩出去啦！加之得分的節節攀升讓你找回了自信，幾局下來，你就會重新拾起對工作和人生的希望。

而且正確的打保齡球姿勢，能夠讓全身二百多塊肌肉得到鍛鍊。這真是既「出氣」又健身的好運動。

滑冰

滑冰適宜平時活動少，即使週末也懶得鍛鍊的人。滑冰是集鍛鍊、娛樂於一身的健身項目，對懶人來說，是最輕鬆的、說說笑笑就能達到健身效果的運動，滑冰主要鍛鍊腿部肌肉，並能提高肢體的靈活性和協調性。對我們大多數人來說，最好去滑冰，既樂趣無窮又減肥。滑冰每半小時消耗熱量一百七十五卡路里，能獲得明顯的健身效果。

長跑（水中長跑）

長跑運動適宜工作從來都在久坐中渡過，落下一大堆諸如腰疼、頸椎病的工作者，如編輯、自由撰稿人等。

按理說長跑對這類人比較適用，但靠週末集中跑兩天，不但效果不大，而且長跑是較劇烈的活動，不宜在週末進行，但自由自在的水中慢跑，已成為當今國外最新的一項健身運動，而且是

一項理想的運動。因為在水中慢跑，能平均分配身體負載，比陸地跑有明顯的優勢，而且在深水中，跑步者下肢不受震盪，因而不易受傷，運動後會有通體舒暢的感覺。專家稱，長跑有助臀部進化和發育完善，使臀型變得更加好看。

水的阻力是空氣阻力的十二倍，在水中跑四十五分鐘，相當於陸地跑兩小時，水中慢跑對肥胖者尤其適用。由於水的密度和傳熱性比空氣大，水中慢跑消耗的能量也比陸地多，可以逐漸去掉體內過多的脂肪。

逛街

逛街幾乎是女性們最熱衷的運動了。尤其適宜那些從早到晚都待在辦公室裏的女性。逛街是最受女性歡迎的休閒方式之一，也是一種很好的有氧運動，與健身房裏枯燥的器械訓練相比，逛街不僅讓女性在不知不覺中鍛鍊了身體，還愉悅了心情，是兩全其美的健身減肥方法，更何況你還可以收穫到一些「好寶貝」。

有些女性能夠從早上八點逛街到晚上八點，不停的運動可以增加腿部力量，消耗體內大量的熱量，達到健身的效果。

騎馬

騎馬適宜工作壓力非常大，且有一定風險，如自己開公司者或公司的管理層人員。因為他們神經終日繃得很緊，真的很累。想想週末做個牧馬人，在藍天白雲下自由地馳騁，會是怎樣的一種豪放之情？天地之大，畢竟我們每個人的生活圈子只是世界的一隅，我們渴望脫身那個小圈子，渴望更廣闊的天地，也許在騎馬的時候，在飛馳的刹那間，我們心中的夢想已實現了一半。

騎馬可以鍛鍊你的敏捷性與協調性，並且可以使你的全身肌

肉都得到鍛鍊，尤其是腿部肌肉。騎馬一小時消耗的熱量達二千七百卡路里，與打一天高爾夫的運動量相同。

游泳或潛水

這項運動適宜那些天天朝九晚五、按部就班地工作，沒有什麼變化的人群，如政府公務員、文秘等。

生活的一成不變，讓你煩透了，也許在你的心底早已渴望變化和刺激，只是不敢嘗試。潛水將會滿足你對刺激和自由自在生活的期盼。

在遠離人群的水底，你彷彿來到了一個與現實完全不同的世界。在這裏，你可以像一條自由自在的魚一樣暢游，那份感覺就好似快樂神仙。從水底回到現實世界時，你已經「脫胎換骨」了，心底裏的那些癥結、煩惱也將變得無足輕重。

潛水是全身運動，其運動效果和游泳不相上下。況且不會游泳的人也可以潛水哦。

普拉提

普拉提是現今與瑜珈齊名的塑身運動方式中的一種，它能讓你在壓力和疲勞中得到舒緩和喜悅。普拉提適宜那些缺少運動，對身材不滿意，在與客戶的飯局上又管不住自己嘴巴的美眉，如在市場部、公關部、行銷部等部門工作的女性。

據說這項運動對減肥、改善形體有近乎神奇的效果，它是那些下決心減肥卻又禁不住美食誘惑的人的最佳良藥。普拉提是調節肌肉的妙招：比起有幾分相像的瑜珈，它在中西合璧方面做得更出挑，既融入了西方人的剛——注重身體肌肉和機能的訓練，又融入了東方人的柔——強調練習時的身心統一，每個姿勢都要

和呼吸協調，而且它比瑜珈更簡單，易於掌握，運動強度也比瑜珈稍高。

普拉提既有針對手臂、胸部、肩部的練習，又有腰腹部和背部的力量練習，也有增強柔韌性的伸拉訓練，各個部位都可以得到充分繃緊和伸拉，短短的四十五分鐘就能明顯地感覺到腹部的肌肉收緊了。

女性健康要在飲食上下功夫

俗話說「禍從口出，病從口入」，人類的健康主要還是建立在飲食的安全與健康上。對於我們的女性朋友，懂得一些營養學知識和飲食搭配方面的常識是非常重要的。倘若所有女性們都懂得如何維護自身的營養結構平衡，懂得什麼時候該吃什麼、什麼時候該忌口，那你臉上的「疙瘩」就會少一些，你的皮膚就會更加光滑，你的容顏就會更顯年輕。

1．早餐有兩類食物不宜多吃

一類是以碳水化合物為主的食品，因含有大量澱粉和糖分，進入體內可合成更多的有鎮靜作用的血清素，致使腦細胞活力受限，無法最大限度動員腦力，使工作和學習效率下降。

另一類是煎炸類高脂肪食物，因攝入脂肪和膽固醇過多，消化時間長，可使血液過久地積於腹部，造成腦部血流量減少，導致腦細胞缺氧，整個上午頭腦昏昏沉沉，思維遲鈍。

2．依據天氣決定飯量和菜譜

中醫學認為，調節生活規律，適應四時氣候變化，能有效地保養身體，防禦疾病的侵害。一年四季氣候不同，飲食也應有所差異。

　　乾燥偏寒天氣(空氣濕度低於 40％，氣溫在 5℃-20℃之間)。大陸北方的秋季和南方的冬季，大都具有這樣的天氣特徵。在乾燥偏寒天氣下，「燥邪」易犯肺傷津，引起咽乾、鼻燥、聲嘶、膚澀等症，宜少食辣椒、大蔥、豆腐、鴨肉等，而應多飲些開水、蜂蜜水、淡茶、菜湯、豆漿等，並適量多吃些水果，以潤肺生津、養陰清燥。

　　乾燥寒冷天氣(空氣濕度低於 40％，氣溫低於 5℃)。這種天氣在大陸北方持續的時間較長。宜多吃些熱量較高的食品，如蛋類、禽類、肉類等，而烹調多半採用燒、燜、燉等辦法。當然，乾燥寒冷天氣中，也必須注意飲食平衡，尤其要注意多食蔬菜，同時還要適當吃些「熱性水果」，如橘、柑、荔枝、山楂等。

　　濕潤偏熱天氣(空氣濕度高於 60％，氣溫在 20℃-30℃)。許多地方春季具有這種天氣特徵。這種天氣下，人體的新陳代謝較為活躍，很適宜食用蔥、薑、棗、花生等食品。同時適當補充 B 群維生素，多吃一些新鮮蔬菜，如菠菜、芹菜、薺菜等。

　　濕潤高溫天氣(空氣濕度高於 60℃，氣溫高於 30℃)。這是普遍地區夏季的天氣特徵。此時，濕熱交蒸，人們食慾普遍下降，消化能力減弱。故夏季飲食應側重健脾、消暑、化濕，菜肴要做得清淡爽口、色澤鮮豔，可適當選擇具有鮮味和辛香的食物，但不可太過。由於氣溫高，不可過多進食冷飲，以免傷胃、耗損脾陽。此外，還要注意飲食衛生，變質腐敗的食物絕不能進食，以免引發胃腸疾病

3 · 五種健康的飲品

茶

　　在可可、咖啡與茶三大飲料中，茶是最具健康文明的飲料，

這已成為大多數人的共識。茶葉中含有較多的維生素 E，是當今世界公認的抗衰延壽的佳品。據科學研究證實，茶葉所含的茶多酚對抗衰老作用大於維生素 E 十八倍。同時，茶中富含多種維生素及微量元素，有防治心血管病及癌症的雙重功效，飲茶是有益的養生保健方式。

豆漿

豆漿的營養價值很高。豆漿中不含膽固醇，所含的大豆皂苷能抑制體內脂肪發生過氧化現象，故能防止動脈硬化，延緩衰老。豆漿中含有的鈣、尼克酸等成分可防治年老者骨質疏鬆。新近研究發現，豆漿能抗癌，豆漿易於消化吸收，價廉物美，對養生十分有益。

優酪乳

優酪奶有維持腸道菌群平衡作用，不但可使腸道內有益細菌增加，而且對腐敗菌等有害細菌能起到抑制作用，避免肌體對有害物質的吸收，減少疾病，促進健康，助人長壽。

葡萄酒

葡萄酒對人體有較好的保健作用，是一種有效的抗病毒藥劑，也是滋補飲料。據專家測定，葡萄酒中含二十五種以上營養成分，尤其是紅葡萄酒可降低心血管病及癌症罹患率，特別是對身體虛弱、患有睡眠障礙者及老年人更有好處，是一種理想的滋補藥和輔助治療藥。

食用菌湯

食用菌包括平菇、蘑菇、香菇、草菇、木耳、猴頭菇及冬蟲夏草等。這些食用菌中富含較高的各種維生素和鈣、磷、鐵等微量元素。用它們做成湯，不僅營養豐富，味道鮮美，而且能夠增強人體的免疫力，對健康養生、延年益壽有一定作用。

女性保健的注意事項

日常生活中的自我保健至關重要，自我保健涉及方方面面，任何盲目、想當然或不科學的隨意之舉，都可能給健康帶來損害。

1‧女性在保健中容易犯的毛病

「減」出來的病：

胖一點對女性是一件好事。女性對脂肪的生理需求與男子不同，在維持女性生理特徵方面，脂肪有著不可磨滅的功勞。就青春期而言，少女必須獲得至少體重百分之十七的脂肪才有月經初潮，並保持每月一次月經來潮的規律性。就是到了中年之後，足量的脂肪也是維持體內正常的雌激素濃度、延緩皮膚老化的保證。因此，女性只有當體重超標百分之三十以上時，方可視為肥胖，切不可動不動就去減肥。

「罩」出來的病：

適時佩戴乳罩，確有益於乳房保健與身體健美。一般在十六～十八歲開始佩戴。但乳罩不宜戴得過久，尤其是晚間睡眠時一定要解除，給乳房以放鬆的機會，否則乳房淋巴循環受阻，增加罹癌的隱患。

「淨」出來的病：

　　健康女性陰道中生存著足量的有益菌，使陰道保持一定酸度，從而抑制其他細菌生長，醫學上稱為陰道的自淨作用。如果經常使用陰道洗液沖洗，一來刺激外陰與陰道黏膜吸收水分，使陰部產生燥熱、瘙癢等不適感；二是有益菌也難倖免，往往使陰道失去酸性環境，嚴重削弱自淨作用。

「洗」出來的病：

　　專家分析，溶解在水裏的洗衣粉可通過皮膚吸進入人體內，每次的吸收量雖然微不足道，但長期的積累卻很驚人，足以起到對造血器官和肝功能的損害，或造成不孕。另外，人的雙手常接觸洗衣粉，易使皮膚角化、皸裂；洗衣粉洗頭可使髮色變黃、頭髮脫落，並會誘發面部蝴蝶斑的形成。所以女性在使用洗衣粉、洗衣液之類的化學物品時最好戴上塑膠手套。

2．女性日常生活八大禁忌
忌超負荷工作

　　隨著商品經濟的發展，競爭愈來愈激烈，現代職業女性的工作節奏日趨緊張，精神上容易產生巨大壓力，精神上和身體上的超負荷狀態對健康是非常不利的。如果不注意休息和調節，中樞神經系統持續處於緊張狀態會引起心理過激反應，久而久之可導致交感神經興奮增強，內分泌功能紊亂，產生各種身心疾病。

　　因此職業女性要注意緩解心理上的緊張狀態，做到勞逸結合，張弛有度，合理安排工作、學習和生活，堅持體育鍛煉。

忌憂愁抑鬱

生活中的煩惱在所難免，將憂愁煩惱壓在心中顯然是不妥。傳統醫學認為氣傷心、怒傷肝，心情不好應學會心理調節，儘量想辦法宣洩或轉移，如找好友聊天，一吐為快，或縱情山水，飽覽祖國大好河山，使心胸開闊，熱愛生活。

三忌盲目減肥

愛美之心，人皆有之。職業女性尤其如此，許多人千方百計想減掉自己體內多餘的脂肪，減肥茶、減肥餐、胡脂減肥等各種各樣的減肥措施令人眼花繚亂。減肥者想速見成效，拼命節食，結果是體重減輕了，身體卻垮了。

四忌濃妝豔抹

職業女性由於工作需要，對自己進行適當的化妝是必要的，但切忌濃妝豔抹。因為目前市場上出售的化妝品無論多高檔，還是化學成分居多，含汞、鉛及大量的防腐劑，雖然能暫時遮住色斑，但卻治標不治本。不少女性把美容希望寄託於層出不窮的化妝品上，忽略了自身的健康。

化學品會嚴重刺激皮膚，粉狀顆粒物容易阻塞毛孔，阻滯皮膚的呼吸功能。而且職業女性打扮過分，輕則與身分失去協調，重則破壞自身形象以致直接影響工作。

五忌飲茶過濃

多數職業女性有飲茶的習慣，茶可消除疲勞、醒腦提神，提高工作效率。飲茶好處固然不少，但茶鹼太多也有壞處，茶是一種有效的胃酸分泌刺激劑，而長期胃酸分泌過多，是胃潰瘍的一

個重要致病因素，所以應適量飲茶，特別是過濃的茶，或在茶中加入少量牛奶、糖，以減少胃酸的分泌，保持胃黏膜免受或減輕胃酸的刺激。

六忌抽煙解悶

目前很多女性以抽煙為時髦，其實抽煙百害而無一利，煙草對女性健康的危害尤為嚴重。據統計：吸煙女性心臟病發病率比正常人高出十倍，使絕經期提前一至三年，孕婦吸煙所產生畸形兒是不吸煙者的二點五倍，青年女性吸煙會抑制面部血液循環，加速容顏衰老。

七忌借酒消愁

職業女性在工作中總會遇到一些挫折和打擊，有些人往往借酒消愁，或者把喝酒當成現代生活方式中的一種時髦行為。其實借酒消愁愁更愁。只顧悶頭苦飲的結果，使大量酒精進入人體，首先是神經系統受損，失去自制力，更為重要的一點是青年女性醉後極易遭到性騷擾，這是很危險的。

八忌見異思遷

職業女性由於接觸面廣，會遇到各種各樣的男性，其中不乏優秀者，如果沒有較好的道德修養，婚外戀由此產生，結果往往輕則家庭失和，重則離婚。

日本社會學家做過一項調查：離婚女性與家庭幸福者相比，前者的壽命縮短五年左右。而對朝夕相處的夫妻來說，如果經常爭吵、不和、鬥氣、互不相讓，則會導致內分泌系統功能紊亂，內臟器官功能失調，患上各種身心疾病，以致未老先衰，縮短壽

命。所以忠誠美滿的婚姻是健康美容的最佳良方。

3・職業女性需警惕五大症狀

　　成天忙於事務性工作的職業女性，像上了弦的發條，難得停下來關照關照自己的身體狀況。對於身體時常出現的異常情況，熟視無睹。孰不知，常年無休止的工作和因工作帶來的緊張壓力，正在侵擾女性的身體。你要格外重視以下五種症狀：

頭痛症狀：

　　（經常一跳一跳地頭痛，或像有東西纏著頭部般絞痛，並伴有眩暈現象。）

　　工作中用眼過度、長時間專注螢幕、睡眠不足、壓力太大等，都是導致頭痛的直接原因。易患人群主要是文秘工作者，尤其是經常操作電腦的人和配戴度數不合適的眼鏡或隱形眼鏡的人。最好的辦法是放鬆心情和身體，間或閉上眼睛或到室外做些簡易舒展運動，打開窗戶讓室內空氣流通。

頸、肩部酸痛症狀：

　　（頸部僵直、兩肩酸麻、精神萎靡。）

　　引發這種症狀的主要原因是運動少、壓力大令肌肉緊張、血氣運行差，肌肉毛細血管形成瘀血致使酸素不足。易患人群主要是文職人員及到處遊說的行銷員。此外，父母有寒症、貧血、溜肩膀等遺傳病的人易患此症。最好的方法是每天睡覺前泡個澡，令患處溫熱。避免長時間採用同一姿勢，或用手輕揉患處，不要讓肩膀受涼，適當地做運動。

腰痛症狀：

（除疼痛外，腰部變沉、發脹、變硬，嚴重者起不了床。）

女性較男性易患腰痛。因女性骨盆內器官比男性複雜，脊椎承受的負擔過重，較易患腰痛。易患人群主要是經常穿高跟鞋、腹部贅肉過多、原來運動但突然停下來的人。若是輕微腰痛，只需要按摩或伸展筋骨並好好休養即可。若是嚴重腰痛，不可強力按揉，可以浸浴或以磁療令腰部溫暖、血流順暢。

眼睛疲勞症狀：

（眼皮沉、刺痛、黃昏時看不清電腦螢光幕上的圖像文字。）

這種症狀的產生是由於配戴度數不合適的眼鏡或隱形眼鏡、壓力太大、電腦畫面與辦公室亮度差別太大。易患人群主要是文秘人員、眼疾患者、低血壓、睡眠不足的人。最好的辦法是用眼時要有意識地眨眼，補充淚水。此外，應選擇無腐性眼藥水滴眼以防乾燥。

便秘症狀：

（若二～三天沒有大便，但沒有感到不適，這並非便秘；若只有一天沒有大便，卻感到不適，這就是便秘。）

女性較男性易便秘。因為為了給子宮保溫，糞便會積聚在腸中。便秘會導致皮膚粗糙、心情煩躁、患上痔瘡。最好的解決及預防方法有多吃蔬菜，補充食物纖維；跳繩可鍛鍊腹肌，幫助排便；每天清晨喝一杯清水或鹽水，有助胃腸代謝。

4‧改變生活中的不良習慣

在日常生活中，很多時候我們的美麗無意中被「蠶食」、「盜

「窃」了，這些「盜賊」往往就是日常生活中的一些不良習慣、日用品和一些室內生活設施：

睡眠太少

睡眠不足的後果是雙眼佈滿血絲、眼圈發黑、皮膚晦暗蒼白。為了儘快入睡，你可以堅持每天運動，但睡前不可做運動。睡前宜喝牛奶，因牛奶中含天然鎮靜劑色氨酸，能促使人入睡。

帶妝睡覺

你一個晚上不卸妝就可能毀去一個月的護膚效果。留在肌膚上的化妝品會堵塞你的毛孔，容易長出暗瘡。所以睡前一定要卸妝，而且要淨臉。

不潔化妝品

髒的眉刷、粉撲，內藏無數不利於健康的細菌，會導致暗瘡和皮膚炎症。粉撲每次用後，都要用肥皂及水清洗，眉刷則可用酒精刷淨。化妝品本身也可能成為有害細菌的藏身之處，所以用後要旋緊蓋子，一旦變色或變味，應該扔掉。

攝入過多酒精、尼古丁和咖啡因

這三樣東西都是蠶食健康的「罪魁禍首」，它們會加速老化過程，令你未老先衰。過量的酒精會促進血液循環，使你膚色紅白不均。香煙的焦油和尼古丁會在牙齒上和手指上留下煙漬，還會使你滿嘴煙臭。咖啡因是利尿劑，會使身體失水，導致皮膚因失水而缺少光澤。所以女性朋友要牢記：酒精和咖啡因要適量，堅決戒除香煙！

口臭

導致口臭的因素有不良的食物；月經或避孕藥；自身荷爾蒙增加；口腔細菌。每天刷牙時別忘了刷舌頭，因為細菌也會在舌頭上積聚。常用含氟的牙膏或漱口水，對口臭有預防及抑制作用。

過分節食

其不良後果主要有四點：指甲和頭髮變脆；導致月經失調；降低血糖水準，使你無精打采；降低新陳代謝。最佳的減肥方法是漸進式減肥和有恒心的運動，令肌肉結實，使新陳代謝等始終保持較高水準。

梳頭有講究

用齒距不當的梳子梳理濕髮濕頭，髮容易折斷，所以要用齒距大一些的梳子梳頭，切忌用細密的梳子梳理濕髮。

空調

空調雖然能使我們涼快，但同時吸走了空氣中的水分，令我們的眼睛、鼻孔和皮膚乾燥。若要保持濕度，可用濕度調節機或放一碗水在空調機前面。

呵護女性的心理健康

1．壓力侵擾女性身心健康

心理壓力越來越大，已成為職業女性的心腹大患，而壓力直接侵擾女性的身心健康。女性在社會生活中經常是兼數種角色於一身，既要工作出色，又要照顧好自己的家庭；既要上得廳

堂，又要下得廚房。社會習慣要求女性富有奉獻精神，但往往卻忽略了她們面臨的巨大心理壓力。

有權威女性調查機構發現：近 95% 的職業女性在承受各種壓力；有 31% 的女性認為自己的壓力超過男性；有 58% 的女性認為承受的壓力「永無休止」；有 28% 的女性為「不能適應競爭」擔驚受怕。同時承擔家庭和工作重擔的職業女性，面臨著幾大壓力源：競爭壓力、年齡壓力、生育壓力、家庭壓力等。特別是對二十八至四十歲年齡段的職業女性來說，人際關係、年齡恐慌、角色衝突，是困擾她們最大的心理壓力。

調查還顯示，有 21% 的白領女性經常擔心失去工作；15.9% 的白領女性為現有職位的穩定性憂慮；14.3% 已婚白領女性有強烈的不安全感。

2·抑鬱症的產生及防治

根據精神障礙診斷與分類標準，當一個人在一定環境因素影響或無任何原因地出現以下症狀，持續二週以上不能自行緩解，影響到個人的社會功能如工作能力和學習能力，就應當考慮是否患了抑鬱症。抑鬱症的常見症狀如下：

（1）興趣喪失、無愉快感；

（2）精力減退或有疲乏感；

（3）精神運動性遲滯或激越；

（4）自我評價過低、自責，或有內疚感；

（5）聯想困難或自覺思考能力下降；

（6）反覆出現想死的念頭或有自殺、自傷行為；

（7）睡眠障礙，如失眠、早醒，或睡眠過多；

（8）食慾降低或體重明顯減輕；

（9）性欲減退。

如若以上九項症狀中出現了四項，即可診斷為患了抑鬱症。

抑鬱症是一種常見的心理疾病，女性發病率比男性高兩至三倍，患者倍受折磨。專家們給抑鬱女性患者開出的心理處方是——多活動。家務是最好的放鬆方式，此外，最好養成晚飯後散步的習慣。平時多聽聽輕鬆音樂，讓音樂進入到你的潛意識，讓潛意識的安寧來影響浮躁的你。日常還應充分利用顏色的心理效應，多穿暖色調，少穿冷色調的衣服。多跟性格外向、開朗活潑的人交往。走路時抬頭挺胸，逐漸建立自信心，從而減少抑鬱。嚴重者要去正規的心理診所接受治療。

3・女性保持快樂六大招式

警惕完美主義的陷阱

我們的生活中不乏追求「完美主義」的女性，她們總是預先給自己設定一個十全十美的目標，凡事力求盡善盡美，一旦沒有達到既定目標就會深深自責，沮喪消沉，並因此開始懷疑和否定自己的能力，陷入了完美主義的陷阱。其實凡事盡力而為，但求無愧於心。做任何事只要我們努力就可以了，不要太苛求結果。要學會為自己的每一點成果喝采，讓自己時刻擁有成就感，知足自信的女人才會充滿快樂。

讓自己患上煩惱「失憶症」

顧名思義，煩惱「失憶症」，就是讓人忘記所有的煩惱，不讓諸如難於相處的上司、痛切的失戀、人際關係的煩擾、事業失意等等煩惱侵擾你的大腦，還自己一片晴朗的心空。人的一生煩惱無數，若你時刻都對不愉快的經歷耿耿於懷，任由鬱鬱寡歡的

情緒縈繞你的心間，你就永遠不得安寧，永遠體會不到幸福的滋味。

所以我們要儘量學著快速忘記煩惱，不如意時轉換一下情緒方式，或睡一大覺，或參加朋友聚會，或投入你最喜歡的一項娛樂或運動中。總之，你要儘量讓自己患上煩惱「失憶症」，做一個對麻煩和困境「麻木不仁」的女人。

切忌攀比和妒忌

「人比人氣死人」，有些女人總喜歡與人攀比，好像別人的風光是她心頭的痛，別人的得意之時就是她深感挫敗之日，久而久之，自尋煩惱，心態失衡，心靈扭曲。斤斤計較和妒忌是快樂心境的剋星。

其實我們每個人都有自己的優勢劣勢，揚長避短地發揮自己的優勢，你同樣會在某一方面非常出色。我們不要常常橫向的去與人攀比，我們也不要去妒忌別人的成功，我們應該縱向地看到自己的點滴進步，只有在肯定自己的基礎上，才會發現自己的長處，才能拓寬自己的人生道路。

給自己找快樂

快樂其實就是一種心靈體驗，面對同樣一件事物，有的人覺得很快樂，有的人卻覺得很痛苦。快樂並不是可遇不可求的東西，快樂需要我們自己去體驗，去尋找。

成功學專家卡內基說，能接受最壞的情況就能在心理上讓你發揮新的能力。人生低潮時你可以轉念一想：我都到了低潮了還能壞到哪裡去？按發展邏輯，低處就是向高處迴轉之時，這樣的心境一定會很鼓舞士氣。這絕不是阿 Q 的精神勝利法，也不是

自暴自棄，而是撇開於事無補的不開心，轉換思維，儘量給自己
打氣。

失去也是一種快樂

很多時候我們總是為失去了一件東西而悶悶不樂，以至於失
去了追求的動力。古語說「塞翁失馬，焉知非福」，失去和獲得
其實是一對連體嬰，互為依存。失去青春年少獲得了成熟和人生
經驗；失去遊玩的時間獲得了辛勤工作的報酬；失去高薪職位卻
獲得了渴望已久的休閒時刻；失去你愛的人獲得了更愛你的人。
如若能夠這麼想，我們就不應為失而惱，而應為失後所得而樂。

別太在意別人的目光

古希臘的一位哲人曾瀟灑地說過一句話：「走自己的路，讓
別人說去吧！」但現實生活中有多少人能夠達到這種瀟脫的境界
呢？相反，許許多多的人都在「為別人而活」，丟棄了自己的真
正意願。尤其是一些女性朋友，常常因害怕周圍的「閒言碎語」
和「潑冷水」，而不敢追求自己的夢想。

其實活在別人的標準裏是一件非常悲哀的事情。害怕別人說
閒言的女人，別人的一句詆毀就能泯滅她所有的信心。太在乎別
人的看法，只會擾亂自己生活的方寸，活得愈發沉重。所以我們
要活出自己的個性，不為別人的目光違背自己的心意，尊重自己
生活的行為方式，做自己真正想做的事，做自己真正想做的人，
才會達到快樂自在的人生狀態。當然這並不意味著像不懂事的小
女孩那樣刁蠻任性，而是在有成熟的世界觀的引導下，做一個思
想獨立的魅力女性。

4‧女性最好的保健品

女性最好的「保健品」指的是女性的良好心態。我們一直都在強調身體的健康，其實心理健康同樣重要。心理健康對人的身心健康甚至起著決定性的作用。女性要學會自己拯救自己，平衡生活中的利與弊，放寬心胸，讓自己的心靈充滿陽光，讓自己的一生幸福快樂。

女人的笑容是最美的，可以勝過一切有色彩的東西。俗話說「笑一笑，十年少」，舒心的快樂的笑，能夠使女性更加年輕而有魅力。會笑的女人是美麗的，會微笑的女人是有修養的，能夠笑對挫折的女人是堅韌的。女性朋友應該多多展露自己的笑容，因為你的笑不但讓你如此美麗，更能給別人帶去幸福和快樂。

5‧讓心靈灑滿陽光

從古至今，女人比男人更加怕衰老，當發現自己臉上的第一條皺紋的時候，那種惴惴不安的感覺對每一個女人都是刻骨銘心的。衰老固然不可避免，但是總可以讓衰老的腳步放慢些，再慢些。只要我們的心靈永遠保持年輕，永遠灑滿陽光，我們就不會覺得自己過早的衰老了。

事業的成功並不僅僅意味著掌聲、榮譽和財富，它更意味著一種克服困難的能力，一種堅強地面對競爭威脅、適應變化並忍受痛苦折磨的能力。每一位成功者，在達到巔峰之後，經常面對的往往是疲勞、失落和困惑，女性創業者們更會遇到這些困擾和傷害，這時我們該怎麼辦呢？還是一條，只要我們的心靈灑滿了陽光，一切黑暗就會過去，我們依然是自信美麗的女人。

國家圖書館出版品預行編目資料

女力資本：寫給女性朋友職場修練的 11 道成功良方／肖衛編
著. -- 初版. -- 臺北巿：菁品文化, 2020. 07

面； 公分. --（通識系列；85）

ISBN 978-986-98905-1-9（平裝）

1. 職場成功法　　2. 女性

494.35　　　　　　　　　　　　　　　　109005647

通識系列 085

女力資本：寫給女性朋友職場修練的 11 道成功良方

編　　　著　肖　衛
執 行 企 劃　華冠文化
設 計 編 排　菩薩蠻電腦科技有限公司
印　　　刷　博客斯彩藝有限公司
出 版 者　菁品文化事業有限公司
　　　　　　地址／11490 台北市內湖區民權東路6段180巷6號11樓之7
　　　　　　電話／02-22235029　傳真／02-87911367
郵 政 劃 撥　19957041　戶名：菁品文化事業有限公司
總 經 銷　創智文化有限公司
　　　　　　地址／23674新北市土城區忠承路89號6樓（永寧科技園區）
　　　　　　電話／02-22683489　傳真／02-22696560
版　　　次　2020年7月初版
定　　　價　新台幣300元　（缺頁或破損的書，請寄回更換）

I S B N　978-986-98905-1-9
版權所有．翻印必究　　　　　　（ Printed in Taiwan ）
本書 CVS 通路由美璟文化有限公司提供　02-27239968
原書名：妳可以成功